걸으니까 보이더라

안데스 · 히말라야 · 알프스 · 로키

걸으니까 보이더라

안데스 · 히말라야 · 알프스 · 로키

초판 1쇄 인쇄일 2016년 3월 5일
초판 1쇄 발행일 2016년 3월 17일

지은이 신재균
펴낸이 양옥매
디자인 이윤경
교 정 조준경

펴낸곳 도서출판 책과나무
출판등록 제2012-000376
주소 서울특별시 마포구 월드컵북로 44길 37 천지빌딩 3층
대표전화 02.372.1537 **팩스** 02.372.1538
이메일 booknamu2007@naver.com
홈페이지 www.booknamu.com
ISBN 979-11-5776-166-1(03980)

이 도서의 국립중앙도서관 출판시도서목록(CIP)은 서지정보유통지원 시스템
홈페이지(http://seoji.nl.go.kr)와 국가자료공동목록시스템
(http://www.nl.go.kr/kolisnet)에서 이용하실 수 있습니다.
(CIP제어번호 : CIP2016005025)

ANDES · HIMALAYA · ALPS · ROCKY ·
US NATIONAL PARK

걸으니까 보이더라

안데스 · 히말라야 · 알프스 · 로키

글·사진 신재균

책과나무

이 책은 지구촌 트래킹 여행기로, 먼 나라의 아름다운 자연과 내 마음을 사로잡은 풍경을 보고 느낀 것을 생각 나는 대로 적은 이야기다.

여행은 나의 삶에서 무엇이 행복하고 소중한 것인지 가르쳐 주었다. 아름다운 자연 속으로 트래킹을 하다 보니 세상도 보이고, 삶에 대한 소중한 마음도 일깨워 주었다. 걸으면서 터득한 새로운 지식은 내 마음의 창문이 되어 주었다.

나는 새로운 세상을 보고 느끼기 위해 새로운 문화와 새로운 언어를 배우는 도전을 즐겼다. 히말라야, 로키, 안데스, 알프스의 신비로운 자연에 반하여 가고 또 갔다. 그리고 때로는 자동차로 몇 주씩 달리며 캠핑을 즐겼다. 야영지에서 보았던 푸른 별, 계곡의 물소리, 풀벌레 소리, 향기로운 바람 소리, 자연이 가진 독특한 숨결에서 많은 것을 느꼈다.

세계 산악인들의 로망인 히말라야, 파타고니아, 캐나디언 로키, 알프스의 자연은 마치 외계의 풍경을 보는 듯하였다. 자연의 아름다움에 도취되어 가슴이 시렸다. 히말라야 트래킹을 하며 빵 한 조각 감자한 알을 구하기 위해 눈물겨운 삶을 보내는 사람들을 만났다. 굶주림은 참을 수 없는 고통이며 인간성을 위협하는 공포다. 꿈을 찾아 떠나고 싶지만 가난에 발이 묶여 떠날 수 없는 사람들이었다. 그곳에 머무르는 동안 그들의 아픔이 나의 아픔처럼 느껴졌다.

안데스에서는 외딴곳에서 자신의 열정을 추구하는 사람들과 종교 속에서 길을 잃고 영생 길을 추구하는 사람들을 만났다. 종교 속에서 세상을 느끼고 다른 이상을 위해 꿈꾸며 살아가는 사람들이었다. 또 안데스에서는 춤과 음악이 넘쳤다. 자연 그대로의 아름다움 속에서 부지런히 놀고 부지런히 쉬는 '삶의 쉼표'를 가진 문화였다.

로키에서는 새로운 풍경에 반해 가슴 가득 행복과 즐거움이 차올랐다. 그곳에서는 열린 사고를 지닌 명랑하고 희망에 가득 찬 사람들을 만났다. 그들은 각자 삶에서 추구하는 가치는 달랐지만 삶에 만족하고 행복을 느끼며 살아가는 사람들이었다.

알프스는 동화 속 세상처럼 그림 같은 자연 풍경이 펼쳐져 있었다. 그들은 마음의 창문을 열고 낙천적으로 사는 인생의 비밀을 터득한 듯하였다. 경쟁하는 스포츠처럼 누군가를 필사적으로 이겨야 한다는 세상살이를 그들한테서는 전혀 느낄 수 없었다. 그들의 걸음걸이와 숨소리는 우리보다 한 박자 느렸고, 그러기에 더욱더 마음의 여유가 있어 보였다.

미국 동서 횡단을 몇 번 하였다. 동부와 서부는 마치 다른 나라 같았다. 동부는 전통적이고 보수적이며 정치 · 경제에 민감하다. 이에 반해 서부는 전통보다는 자유를 중시하며 진보적이고 정치는 춥고 경제는 뜨겁다.

특히 알래스카에서 느낀 자연의 경이로움에 반해 가고 가고 또 갔다. 몇 번이나 가 보았지만, 신기하게도 그때마다 세상이 새롭게 보였다. 특히 원시 상태의 자연과 하늘을 불태우는 북극의 오로라를 보고 있노라면, 자연의 오묘함에 감탄하여 눈을 뗄 수 없었다.

미국에는 59개의 국립공원이 있다. 지구의 역사가 숨어 있는 그랜드캐년, 야생동물의 천국인 옐로스톤, 티톤, 글레이셔, 그리고 북극권 생태계를 볼 수 있는 드날리 국립공원, 록 클라이머의 로망인 요새미티, 신비로운 대지 자이언, 브라이스, 아치스까지 그뿐만 아니라 태고의 자연이 숨어 있는 로키에는 찬란한 비경이 숨어 있었다.

여행은 배움의 연속이었다. 세상의 모든 일에는 다양한 가치가 있다는 것, 그리고 우리의 삶 가운데 무엇을 보고 무엇을 하느냐가 중요하다는 것은 여행을 통해 알게 된 소중한 가치다. 여행은 지구촌의 놀라운 풍경들은 머리로만 살아가는 삶보다 가슴으로 살아가는 삶의 지혜도 깨우쳐 주었으며, 나의 영혼까지 일깨워 주었다.

백팩을 둘러메고 산을 넘고 호수를 건넜던 시간들은 나에게 아름다운 세상을 만나게 하였다. 이제 여러분에게 내가 40여 년에 걸쳐 만난 아름다운 세상을 보여 주려 한다.

2016년 미국 서부 포트랜드에서, 신재균

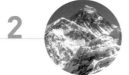

꽃보다 아름다운 로키

4

미국 국립공원에 숨겨진 비경

5

홍콩 4년

세계 지도를 펴놓고 색칠을 하였다. 희망의 뭉게구름이 몽실몽실 피어 올랐다. 허나 뜻하지 않은 재난에 부딪쳤고 끝내 좌절을 맛봐야 했다. 인생의 아름다운 꽃은 웃음 속에서 피어나지 않는다는 것을 체험하였다.

네팔 6년

네팔왕국 체육사에 신화를 창조하였다. 1986년 아시안게임과 1988년 서울 올림픽에서 네팔왕국 건국사상 첫 메달의 주역이 되었다. 새로운 인생도 함께 시작되었다. 백팩을 울러메고 87~88 에베레스트 한국 원정대를 따라 에베레스트 트래킹을 떠났다. 그 여행은 나를 백팩 트레커로 만들어 놓았다.

부탄 1년

우리나라와 외교 관계도 없었던 부탄 왕국에 한국 문화를 최초로 전수하며 한 가지 느낀 게 있다. 생활이 단순할수록 행복의 만족도가 높다는것이다. 행복이란 환경에 의해서 얻어지는 것이 아니라 주어진 것을 어떻게 받아들이느냐에 달려 있다.

미국 31년

땀과 눈물을 바쳐 아름다운 삶의 꽃을 피웠다. 휴가를 이용하여 백팩을 둘러메고 아름다운 자연속으로 산행을 하다 보니 세상도 보이고 삶의 철학도 보이는 매력을 알게 되었다. 높고 낮은 산길을 걸으며 자연에서 터득한 새로운 꿈은 내 마음의 창문이 되어 주었다.

Andes

· 사진으로 보는 안데스 ·

안데스

아침해가 잠들었던 그란데 캠프장을 깨운다

라스 토레스 전망대에서 보는
토레스 3봉의 오묘한 경관

토레스 3형제봉
일출전경

라스쿠에르노스
산장 주변 풍경

토레스 델 파이네의
대표적인 풍경

그런데 캠프장의 페리 선착장에서 보는
토레스 델 파이네 남방 전경

이타리아노 캠프장에서 보는
토레스 델 파이네 전경

캠프 브리타니코 계곡의 오묘한 자연경관

세계4대 명산 피츠로이
일출 전경

영적인 감흥을 주는
피츠로이 산군

트레스 호수에 담긴
세로토레 산군

세로토레 빙하계곡

건물벽만 남은 잉카제국의 정취 깊은 마추픽추

공중도시로 불리는 잉카제국의
잉카(왕) 휴양소

잉카제국의 전설적인
마추픽추

잉카제국의 일번지 쿠스코
아르마스 광장

탐험가 마젤란이 대서양을 건너 태평양으로
건너갔던 푼타아레나스 항구

남미에서 제일큰 페리토 모레노 빙하, 폭 4km, 길이 144km, 높이 70~100m

코앞에서 보는
모레노 빙하 전경

모레노
빙하 유람선

마음의 여유를 느낄 수 있는 그란데 캠프장

바람의 나라 안데스

파타고니아, 토레스 델 파이네 트레일 – 칠레

피츠로이, 세로토레 트레일 – 아르젠티나

마추픽추, 잉카 트레일 – 페루

리마 ——

쿠스코 ——

산티아고 ——

토레스 델 파이네 ——

피츠로이산

푸에르토 나탈레스 ——

푼타 아레나스 ——

남미에는 세계 최고를 자랑하는 두 가지가 있습니다. 그곳은 바로 지구상에서 가장 긴 7,000㎞의 안데스 산맥과 세계에서 가장 높은 곳에 위치한 티티카카 호수입니다. 그리고 남미 최첨단 토레스 델 파이네 국립공원은 세계 7천 개의 국립공원 중 6번째로 아름다운 곳으로, 대표적인 트레일은 W코스와 O코스입니다.

　서북미에서 18시간의 비행 후, 칠레의 푼타 아레나스 공항에 도착하였습니다. 먼 나라의 표정 없는 하늘은 시간 감각마저 마비시켰습니다. 파타고니아의 2월은 여름입니다. 1년 중 300일 이상이 흐리고 비가 내리는 곳으로, 칼바람 무역풍이 대서양과 태평양을 밥 먹듯 넘나듭니다.

　남미 최남단 푼타 아레나스에서 출발한 푸에르토 나탈레스행 버스는 마젤란 해협을 끼고 황막한 평야를 달렸습니다. 알라스카의 흔한 시골 풍경처럼 1시간을 달려야 집이 보일 정도로 적막한 땅입니다. 버스는 정확히 3시간 만에 푸에르토 나탈레스에 도착하였습니다. 이곳은 토레스 델 파이네 국립공원으로 가는 길목에 위치한 도시입니다. 인구 약 17,000명이 사는 곳이지만, 지구촌 트레커의 발길이 그치지 않는 곳입니다.

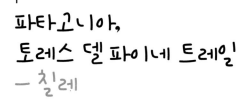

파타고니아,
토레스 델 파이네 트레일
─ 칠레

푸에리토 나탈레스를 떠난 버스는 2시간 만에 토레스 델 파이네 국립 공원 입구에 정차하였습니다. 간단한 입산허가를 마친 후, 공원 입구에서 가까운 라스 토레스 산장으로 이동합니다.

산장의 도미터리에서 만난 룸메이트가 들려주는 이야기는 듣는 것만으로도 흥겹습니다. 행복한 대화 속에 피로가 희석되면서 긴장이 풀리고 편안해집니다. 서로가 주고받는 대화는 사랑하는 사람을 만난 것처럼 지루하지 않습니다. 서로의 취향이 비슷하기 때문일 것입니다.

처음 만난 사람들과 한 공간에서 잠을 청하는 일은 누구에게나 낯선 일입니다. 엎치락뒤치락 잠을 청하는데, 독일 청년의 코 고는 소리, 홍콩 여자의 이 가는 소리가 크게 들립니다. 그러나 자신의 의지와는 상관없이 일어나는 일이니 불평할 수도 없습니다.

겨우겨우 잠에 들었는데, 새벽에 '쿵' 하는 소리에 잠에서 깼습니다. 홍콩 숙녀가 2층 벙커 침대에서 내려오다 발을 헛디뎌 떨어진 것입니다. 다친 곳은 없는지 물었더니, 다행히도 아무렇지 않다고 합니다. 다음 날 아침 떨어진 연유를 물었더니, 대답이 걸작입니다. 저녁 식사 때 마신 칠레산 '쿤스트만 앨' 맥주가 중국의 '칭따오' 맥주보다 도수가 높아 조금 취했다고 합니다.

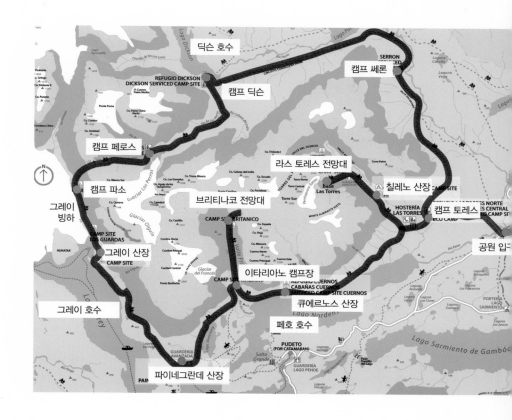

로스 토레스 산장 − 캠프 엘칠레노 − 라스 토레스 − 켐프 엘칠레노
13km, 6시간

산행 첫날입니다. 산장을 출발하여 완만한 평지를 걷다 보면 서쪽은 캠프 큐에르노스, 북쪽은 캠프 엘칠레노를 가리키는 이정표가 나옵니다. 엘 칠레노 산장은 오르막 킥백 트레일로 이어집니다. 숨을 몰아쉬며 가파른 오르막길을 중간중간 쉬면서 올라갑니다. 한동안 산 고갯마루에 주저앉아 먼 하늘과 푸른 호수를 바라보았습니다. 그저 바라만 보아도 가슴 가득 행복이 차오릅니다. 트레일 입구에서 2시간 거리입니다.

가파른 킥백 트레일이 끝나면 완만한 트레일로 이어집니다. 시원한 계곡의 물소리가 정겨운 트레일은 산사태로 흘러내린 흙길을 건너뜁니다. 이곳에서 나무다리를 건너면 칠레 노 캠프장입니다. 로스 토레스 산장에서는 3시간 거리입니다. 이곳은 토레스 델 파이네 트레일 중 예약이 가장 힘든 산장으로, 이미 4개월 전에 예약을 시도하였으나 산장에서 대여하는 텐트만 이용 가능한 상태였습니다.

산장 주변은 평지가 없어 대부분 산비탈에 텐트를 설치합니다. 스틱 위에 판자를 깔고 그 위에 텐트를 쳤습니다. 간단한 차림으로 라스 토레스 전망대로 이동하는 동안 흐렸던 하늘이 조금씩 열립니다. 가파른 숲길을 20분 정도 오르면 캠프 토레스 이정표가 나오는데, 토레스 캠프장부터 트레일은 가파른 바윗길로 이어집니다. 버려진 채석장 같은 길을 올라가면 태고의 숨결이 서린 거대한 돌기둥이 버티고 있습니다.

엘 칠레노 캠프장에서부터 4㎞ 거리며 2시간 정도 걸립니다.

하늘을 찌를 듯한 거대한 3개의 봉우리를 감싸고도는 구름, 돌기둥과 돌기둥 사이로 구름이 경주하듯 빠르게 달립니다. 그리고 구름이 지나간 허공에는 자연의 소리가 바람을 타고 귓가를 스칩니다. 구름 사이로 한줄기 햇살이 돌기둥을 비추어 속살을 보여 주는가 싶더니, 이내 구름이 주변을 삼켜 버렸습니다.

중앙에 위치한 코 포타레자봉을 2,681m 기준으로 좌편에 푼타 카타리나봉 1,415m, 우편에 코 에스쿠도봉 2,240m, 코 카베자델 인디오봉 2,230m, 거대한 산봉우리가 보석처럼 뽐내고 있습니다. 세찬 바람에 날리는 구름은 무엇에 쫓기는지 빠르게 달려갑니다. 이 모든 자연의 소리가 파이네봉이 가진 매력입니다.

세찬 칼바람을 피하려고 호숫가 큰 바위 밑으로 자리를 옮겼습니다. 조용히 눈을 감고 앉아 있으려니 파이네의 숨소리도 들려오고 싱싱한 하늘 기운도 느껴집니다. 오랫동안 산봉우리만 바라보는데도 마냥 즐겁기만 합니다. 한동안 이런 기분으로 이곳에 머무르고 싶습니다. 혹시 해가 쏟아질까 몇 시간을 기다렸으나 자연의 빛은 심술만 부렸습니다.

캠프 엘칠레노 ─ 라스 토레스 ─ 엘칠레노 ─ 캠프 로스 큐에르노스
13km, 6시간

이른 새벽, 텐트를 흔드는 인기척에 잠에서 깼습니다. 어제 만난 중

국 젊은이가 파이네 형제봉의 해 뜨는 장면을 보러 가자고 깨웁니다. 새벽 4시 반, 텐트 밖으로 나와 숲 사이로 새벽하늘을 올려다보니, 보석을 뿌려 놓은 듯 별들이 화려하게 반짝였습니다.

짙은 어둠 속을 헤드랜턴으로 앞을 비추며 앞 사람을 이정표 삼아 개울을 건너 숲 속 길로 들어섰습니다. 불빛이 없는 숲길에서 푸른 나뭇잎은 검은색으로 빛납니다. 트레일에서 마주치는 사람도 없어, 행여나 길을 잘못 들지나 않을까 두리번거리며 중간중간 이정표를 확인합니다. 캠프 토레스를 지나 오르막으로 이어지는 산길은 군데군데 트레일이 끊겨져 당혹스럽기까지 하였습니다.

비지땀을 흘리며 오르다 완만한 채석장 돌길로 이어집니다. 크고 작은 바위 사이로 나 있는 트레일은 중간중간 쇠 파이프에 빨강 페인트로 표시를 해 두었지만, 어두운 밤길에는 잘 보이지 않습니다. 흰색 바탕에 검은색이 박힌 독특한 화강암이 어지럽게 널려 있는 트레일입니다. 칼바람을 마주하고 비지땀을 흘리며 높은 곳으로 올라가는 동안 등과 이마는 구슬땀으로 범벅이 되었습니다. 라스 토레스 전망대에 도착하자, 올라올 때는 추운 줄도 몰랐는데 장갑을 낀 손끝이 저립니다. 캠프장 초입부터 4㎞ 지점이며 2시간이 걸립니다.

V자형 계곡은 아무렇게나 굴러떨어진 돌들이 수없이 널려 있습니다. 텅 비어 있는 계곡 같지만 조금만 귀를 기울이면 자연의 소리가 꽉 차 있습니다. 하늘 높이 치솟은 산봉우리에서 빙하 조각이 떨어지는 소리는 찬 공기를 갈라놓습니다. 간헐적으로 들려오는 그 굉음은 칼날

같은 바람 소리와 어우러져 두려움을 자아냅니다. 연속되는 자연의 소리, 그 하나하나가 장엄하게만 들립니다.

세상이 막 깨어난 이른 아침, 태양빛이 하늘을 물들입니다. 어둠을 뚫고 만나는 황금빛 햇살, 웅장한 중앙봉 끝자락에 아침해는 붉은 점을 찍다가 그 점이 서서히 아래로 향하면서 봉우리 전체를 붉은색으로 바꾸어 놓습니다. 아침 햇살을 받아 퍼지는 붉은빛은 마치 세상의 모든 전등이 불을 밝히는 것처럼 빛났습니다.

붉은 태양 기운과 거대한 빛의 정기를 받은 거봉이 드러나자, 트레커 몇 명이 큰소리를 질렀습니다. 이 경이로움에 누가 감탄을 하지 않을 수 있을까요! 이른 새벽에 달려온 사람들의 혼을 빼놓기에 충분하였습니다. 햇빛이 좀 더 밝아지자, 모두가 탄성을 하였습니다. 청록빛 호수와 그 뒤로 병풍처럼 둘러친 거봉을 보고 내뱉는 탄성입니다. 사방에서 옥을 굴리는 여성들의 탄성이 한동안 메아리처럼 울려 퍼졌습니다.

해가 비치는 시각에 따라 더욱 웅장한 자태를 뽐내는 토레스 3형제봉은 너무 가까워 만질 수 있을 것처럼 느껴졌습니다. 아침 6시 30분경 붉은빛을 담은 햇살이 산봉을 화려한 모습으로 물들이기 시작하였습니다. 그러자 계곡 이곳저곳에서 감탄사가 연이어 쏟아져 나왔습니다. 순수한 자연의 향기는 마음을 무겁게 했던 욕심도 무너져 내리게 합니다. 잠시 행복한 눈물에 호수가 어른거립니다. 가히 추억에 남을 만한 웅장한 풍경입니다.

3개의 봉우리 중 가운데 주봉은 그 높이가 3,050m로 수직 절벽만 1,000m입니다. 이 수직 절벽이 지구촌 암벽 등반가들의 로망입니다. 신비를 간직한 거대한 화강암 봉우리는 아침 해를 받아 마치 불타는 돌산 같습니다. 수줍은 듯 빨갛게 물들어 가는 봉우리가 놀라울 정도로 아름답습니다.

　10여 분이 지나자, 세찬 바람과 함께 회색 구름은 중봉의 정상에 멈춰 꼼짝도 하지 않습니다. 잠시나마 붉은 태양의 기운과 돌기둥의 정기를 받아 영하의 추위에 칼바람을 맞으며 경이로운 정상의 모습을 사진기에 담았습니다. 산 아래 구름바다를 보고 있자니 마치 하늘 위에 떠 있는 것 같았습니다.

　파이네 중봉에 추억을 묶어 두고 캠프장으로 돌아갑니다. 라스토레스 산장 방향으로 내려가다 로스 쿠에르노스 산장으로 가는 지름길이 있는데, 이 길이 로스 쿠에르노스로 가는 숏패스 트레일입니다. 로스토레스 산장에서 연결되는 트레일보다 빠른 길인데도 어쩐지 트레커가 보이지 않습니다.

　활짝 트인 들판을 마주하며 내리막길을 걷다 잠시 숨을 돌리며 쉬는 찰나, 갑자기 가까운 곳에서 큰소리가 들렸습니다. '딸그닥 – 딸그닥! 이–야아!' 쏜살같이 4마리의 말(馬)이 경주하듯 빠져나갑니다. 남자 기수가 앞장서고 마지막 말은 건장한 남자가 말 고삐를 세차게 당겼습니다. 이곳에서 말(馬)은 부상자와 필요한 보급품을 운반하는 교통수단입니다.

지름길인데도 트레커가 없는 것은 둘러가는 트레일보다 풍광이 아름답지 못하기 때문입니다. 풍광이 탁 트인 폐호 호수 앞에 산장이 보입니다. 오늘의 목적지인 쿠에르노스 산장에 도착한 것입니다. 빨강 양철지붕 산장 뒤로 거대한 알미란테 산 2,645m 높이의 봉우리가 마치 눈에 덮인 듯 하얗게 보입니다.

해 질 무렵, 캠프장 주변에 짙은 석양이 내려앉았습니다. 지는 해는 멋진 하루를 보내고 꿈속으로 달려갑니다. 석양에 떠도는 흰 구름과 폐호 호수에 길 잃은 돛단배가 바람에 밀려 어디론가 외롭게 흘러가는 듯합니다. 늦은 오후 시간, 산장의 맥주 한 잔은 여행의 피로를 말끔하게 치유해 줍니다.

캠프 로스 큐에르노스 ─ 브리타니코 전망대 ─ 캠프 파이네 그란데
14.6km, 8시간

이른 아침, 일출 사진을 찍기 위해 폐호 호숫가로 나갔습니다. 숲 속의 새소리가 개울물 소리와 화음을 이루어 상쾌한 경음악 소리로 들립니다. 아침 햇살을 받은 산장 뒤편의 알미란테산과 옥빛으로 반짝이는 폐호 호수의 풍광이 그지없이 아름답습니다. 은빛으로 반짝이는 하얀 돌산의 빛이 반사되어 내 마음까지 교교히 물들게 합니다.

아침 바람을 맞으며 검정 조약돌이 펼쳐진 호숫가 백사장을 지나갑니다. '쏴아-쏴아' 호수의 파도가 호숫가의 수많은 조약돌 사이를 빠져

나가는 소리가 들립니다. 걸음을 멈추고 귀를 귀울이자 '쓰와아 – 쓰와아' 아름다운 파도의 선율이 어떤 악기 소리보다 경쾌하게 들립니다. 파도에 밀려 조약돌이 조금씩 구르며 내는 소리 또한 정겹습니다. 수천 년을 파도에 부딪쳐 조약돌 모양새도 각각입니다.

아름답게 널려 있는 검정 조약돌 모래사장을 지나 오솔길을 오르고 내리며 40분을 걸었습니다. 지척에 캠프 프란세스 산장이 보입니다. 주변의 아름다운 야생화가 눈길을 이끕니다. 산장 뒤로는 거대한 하얀 돌산이 펼쳐져 있고, 앞으로는 바다같이 넓은 페호 호수가 있어 전망이 좋은 산장입니다. 페호 호수를 따라 걷던 트레일은 산장을 지나면서 이타리아노 계곡으로 이어집니다. 계곡은 불에 타 죽은 하얀 나무 숲입니다. 2005년 한 체코 배낭여행자가 캠프파이어를 하다 불씨가 산으로 옮겨 대형 산불로 이어졌기 때문입니다. 하얀 나무숲 사이로 옹기종기 모여 있는 텐트가 이색적으로 보입니다.

이타리아노 캠프장에는 아담한 공원관리 사무실이 있습니다. 그리고 그 앞에 당일의 일기예보와 백팩이 일렬로 나열되어 있습니다. 트레커들이 브리타니코 전망대로 올라가며 놓아둔 백팩입니다. 백팩을 관리실 건물 입구에 내려놓고 간단한 차림으로 왕복 4시간 거리의 브리타니코 전망대로 이동합니다.

브리타니코 전망대로 가는 샛길 트레일은 초입부터 프란세스 빙하 계곡 옆 가파른 바윗길로 올라갑니다. 바윗길에는 트레일 표시도 없어 감각으로 길을 찾아야 합니다. 깊은 골짜기에서 빙하가 떨어지는 굉음이 천둥소리 같습니다. 좌편으로 쿰브레 노르테 2,750m 산에서 빙하가 녹아 폭포수가 되어 떨어집니다. 가파른 오르막길을 지나 높은 능선에 올라서니 시속 70㎞의 칼날 같은 강풍이 몰아쳤습니다. 안경, 모자, 카메라, 심지어는 사람까지도 날려 버릴 기세입니다. 강풍에 시달려 체온도 떨어졌습니다. 등을 돌리고 주저앉았다가도 다시 지팡이에 의지해 버팁니다.

내려가는 트레커는 바람에 밀려가듯 합니다. 주변의 나무나 돌을 붙들고 버티었습니다. 칼바람에 뿌리째 뽑힌 나무, 반쯤 넘어진 나무 등 제대로 버티고 있는 나무가 없습니다. 구름도 낮게 깔려 마치 구름을 밟으며 걷는 듯합니다. 건너편 쿰브레 노테 산에서 간헐적으로 빙하가 떨어지며 뿜어내는 굉음은 간담을 서늘하게 합니다. 브리타나코 캠프장은 마른 개천에 있습니다. 공원 관리실에서 한 시간 거리입니다.

트레일 주변의 나무는 하나같이 기울어져 있습니다. 세찬 칼바람에 시달려 몸통과 가지를 줄여 자연과 싸우며 살아가는 나무입니다. 거대한 대자연의 오묘한 자연 경관입니다. 높디높은 기암괴석의 정상이 코앞에 있습니다. 전망대로 오르는 마지막 언덕에 버티고 있는 나무는 바람과 전쟁을 하듯 바짝 엎드리고 있습니다.

전망대에 오르니 말이 전망 대지, 바위 봉우리입니다. 전망대 주변 바위산 전경은 낯선 행성의 모습입니다. 세찬 바람이 생명체를 날려 버렸습니다. 칼바람이 '쉬이- 쉬이-' 자연의 소리를 내면, 나무는 괴로운 트위스트를 춥니다. 나도 바람에 밀려 넘어져, 바위 아래서 바람을 등지고 주저앉았습니다. 태풍과 같은 바람이 맹렬한 기세로 흙먼지를 일으키며 산천을 휩쓸고 지나갑니다.

내려오는 길에 20대 미국 청년을 만났습니다. 플로리다주에서 출발하여 자전거 여행을 한다는 그는 남미를 자전거로 둘러보는 도전 중이라고 합니다. 저도 고등학교 시절 한국 일주 배낭여행을 한 적이 있습니다. 나도 할 수 있다는 자신감, 용기, 의지를 배웠던 여행이었습니다. 젊음이들의 도전은 돈으로 살 수 없는 자신감, 용기, 의지의 힘을 배우게 합니다.

관리사무소 앞에 놓아둔 백팩을 둘러메고 프란세스 개울을 건너 평탄한 숲길을 반 시간 정도 걸었습니다. 불에 탄 나무숲 사이로 노랑꽃 야생화가 무리 지어 수를 놓은 모습이 마치 인공으로 가꾼 정원 같습니다. 넘실대던 파도가 하얗게 부서져 공중에서 물거품이 되었고, 그 물거품은 안개로 변해 호수를 뒤덮습니다. 칼바람이 호숫물을 물안개로 만듭니다. 보지 않고서는 감히 상상할 수 없는 색다른 풍광입니다. 포근하게 호수를 감싸 주는 물안개에는 꿈속의 여인이 살 것만 같습니다.

어둠이 내리는 호숫길, 그 어둠 사이로 파이네 그란데 산장에서 새어 나오는 전등불은 별빛처럼 빛났습니다. 목적지가 보이니 활력이 생깁니다. 산장 식당은 초만원입니다. 포도주와 양고기, 채소가 곁들인 식단은 보는 것만으로도 행복합니다.

파이네 그란데 – 페호 선착장 – 그레이 빙하 – 페호 선착장 – 파이네 그란데 40km, 8시간

아침 10시 30분경 페호를 건너는 페리에 승선하였습니다. 페리 옥상에서 이타리아노 계곡을 바라보는 전경은 독특한 풍광입니다. 지난 며칠간 다양한 생태계와 다양한 날씨를 만났는데, 오늘도 변화무쌍한 날씨는 계속됩니다. 파타고니아의 1~2월은 여름입니다. 여름철 페리는 100여 개의 백팩이 화물창고를 가득 채울 만큼 만 원입니다. 대형 등산가방 전시장을 방불케 합니다.

파이네 그란데 산장 건너편 선착장까지는 약 30분이 걸립니다. 선착장에서 버스로 광활한 들판을 지나 그레이 빙하 선착점까지는 40여 분이 걸립니다. 그레이 호텔에서 운영하는 페리로 2시간 빙하 투어를 하였습니다. 그레이 호수 빙하 주변에는 크고 작은 유빙이 많습니다. 파타고니아 일대는 54개의 크고 작은 빙하가 있는데, 그 크기는 그린랜드에 이어 두 번째로 크다고 합니다.

파이네 그란데 산장 – 그레이 산장 – 캠프 파소 21km, 10시간

캠프 파이네 그란데를 떠나 캠프 그레이로 이동합니다. 그레이 트레일은 그레이 호수를 따라 북상하는 코스입니다. 삭막한 기후에도 울긋

불긋한 야생화는 곱게 피어 산기슭을 곱게 물들였습니다. 우편으로 푼타 바리로체 2,600m, 좌편으로 그레이 호수를 낀 계곡 트레일을 걷습니다. 아침 햇볕에 반짝이는 그레이 빙하가 희망의 하루를 이끕니다. 그레이 호수가 보이는 산마루에 올라서니 칼날같은 무역풍이 발길을 멈추게 합니다. 무역풍은 위도 20도 내외 파타고니아 지역에서 1년 내내 일정하게 부는 바람입니다.

그런데 캠프장을 출발한 지 2시간쯤 지나 그레이 산장에 도착하였습니다. 그레이 캠프장에 어지러이 널려 있는 세탁물의 색깔이 참으로 다양합니다. 특히 빨간색은 강렬한 느낌을 주어 마치 꿈 많은 소녀를 보는 듯합니다.

캠프장을 지나 15분 거리에 있는 그레이 빙하 전망대에 들렀더니, 마침 호텔 그레이에서 운영하는 페리가 도착해 있습니다. 페리는 육지에서 20m 떨어진 호수에 정박하고는 소형 선박으로 관광객을 내리고 태웁니다. 카누를 타고 빙하투어를 하는 그들은 특별한 풍광을 즐기는 사람들입니다.

카누 사무실 입구 벤치에서 며칠 전 룸메이트였던 캐나다 부부 트레커를 만났습니다. 그들과 함께 캠프 구아다스를 지나 가파른 산을 넘어 캠프 파소에 도착하였을 때는 늦은 오후였습니다. 짙게 어둠이 내리자, 칼바람이 텐트를 날려 버릴 듯 매섭게 불어옵니다. 이렇듯 적막한 자연 속에서 바람 소리는 오히려 친구가 되어 줍니다.

캠프장을 떠나 오르막길을 오르는데, 갑자기 먹구름이 지나가더니 진눈깨비가 몰아쳤습니다. 세찬 바람은 마치 바다의 파도처럼 기류를 타는 것 같았습니다. 날아가는 새마저 없다면 동물이라곤 찾아볼 수 없는 불모지 땅입니다. 가파른 트레일 존 가드너 1,150m 고개를 간신히 넘습니다. 칼바람에 도무지 앞을 볼 수 없어 등을 돌리고 주저앉았습니다. 어느새 입술은 가지색으로 변했고 손가락 감각마저 둔해졌습니다. 추운 날씨에 우리는 잔뜩 긴장하고 맙니다.

우측으로 브란코 수르 산 2,093m, 좌측으로는 아미스타드 산 1,766m. 싸락눈을 품은 매서운 바람이 한차례 몰아칩니다. 행여나 날아갈까 모자를 더욱 깊숙이 눌러썼습니다. 변화무쌍한 날씨가 펼쳐질 때는 전신을 분주히 움직여야 합니다. W 코스를 지날 때는 아름다운 풍경을 사진에 담느라 열정이 넘쳤는데, 한겨울 같은 매서운 추위에 몸이 고달프니 사진기를 꺼내는 것도 싫어졌습니다. 게다가 W 코스를 떠난 이후로는 마음을 파고드는 풍경도 없습니다.

계속 움직이지 않으면 생각이 정지할 것만 같습니다. 험난한 언덕길을 오르며 숨을 몰아쉬다가 주저앉아 생각에 잠겼습니다.

"내게 아직도 이런 집요하고 끈덕진 면이 남아 있구나!"

매일 9~10시간씩 강행군이 이어집니다. 이 같은 끈기의 마음을 잘 지켜 나간다면, 내일의 삶도 충실하게 살아갈 것이라 믿습니다.

캠프 딕슨 – 캠프 쎄론 18.5km, 9시간 30분

계속되는 흐린 날씨로 주변 풍경의 속살을 보기란 어렵습니다. 세찬 바람이 불지만, 풍경의 속살을 끌어안은 채 도통 놔주질 않는 구름을 멀리 날려 보내지는 못하는 모양입니다.

어젯밤 딕슨 캠프장 종업원이 딕슨 호수에 관한 전설 같은 이야기를 들려주었습니다. 옛날 딕슨 호수 근처를 지나던 어느 왕자가 선녀의 유혹에 빠져 그만 호수에 빠져 죽었다고 합니다. 그 사실을 알게 된 왕이 군사를 데리고 그 선녀를 잡으러 왔다가 밝은 달밤에 선녀의 유혹에 이끌려 호수로 들어갔다가 결국 빠져 죽었답니다. 그는 재미있는 말투와 몸짓으로 좌중을 웃기며, 호수에 들어가는 것은 자유지만 전설을 잊지 말라는 말을 덧붙였습니다.

트래킹 첫날, 비누와 화장품을 모두 분실하는 바람에 매일 고양이 세수만 하다 보니 어느덧 거울 앞에는 꾀죄죄한 제가 서 있습니다. 그리고 트래킹을 시작할 때 배낭무게가 26kg이었으나 어느새 19kg으로 줄었습니다. 꼭 필요한 옷가지만 남기고 모두 버린 탓입니다. 전기 면도기는 플라스틱 면도기와 교환하였고, 손전등, 식기 등 당장 필요치 않은 것은 젊은 트레커에게 인심을 베풀었습니다.

신기하게도 배낭이 가벼워지니 발걸음도 가벼워졌습니다. 바람과 친구하여 미움의 짐, 원망, 욕심의 마음도 비워 봅니다. 산행을 통해 내 인생의 배낭도 줄여 봅니다.

토레스 델 파이네 국립공원 트래킹 마지막 날입니다. 캠프를 떠나는 트레커들의 뒷모습은 행복해 보입니다. 걸음걸이도 가볍고 서로 주고받는 대화도 정답습니다.

캠프를 떠난 지 1시간쯤 지났을까? 배낭을 내려놓고 휴식을 취하는데, 주변에서 아름다운 산새 소리가 들려왔습니다. 반가운 자연의 손님이 찾아온 것입니다. 그중 한 놈은 머리를 갸우뚱거리며 내 앞에 내려 앉았습니다.

"꾸─우─워─어."

인사말인지, 배가 고프다는 말인지, 도통 구분이 안 됩니다. 빵 조각을 던져 주자, 로봇이 춤을 추듯 머리를 각도 있게 좌우로 돌리는 행동이 마치 고맙다는 표현으로 느껴졌습니다. 머리는 검은색에 흰색 띠가 이마를 가로질렀고, 눈 위로 하얀 점이 있으며 옆구리는 밤색에 하얀 점이 있었습니다. 누구나 귀여워할 만큼 호감을 주는 외모입니다. 빵 조각을 하나 더 던져 주었더니, 한입 맛보고 쳐다보더니 쪼아 먹습니다. 이놈은 아마 도시 환경이 싫어 떠난 후, 바람과 자연이 좋아 이곳에 보금자리를 꾸렸을 것입니다.

내가 쉬었던 파타고니아의 산장들이며 캠프장은 도시의 호텔보다 소박하였지만 마음의 여유를 느낄 수 있어 좋습니다. 파타고니아 산행에서 마주한 사람들은 먼 훗날까지 내 가슴속에 깊이 남을 것입니다.

파타고니아는 한마디로 이색적인 곳입니다. 칼바람, 불모의 땅, 그러나 자연의 소리는 향기롭습니다. 자연 속의 자연을 보면서 자연은 있는 그대로가 아름답다는 것을 느꼈습니다.

안데스의 자연은 예상했던 그림보다 기쁨과 즐거움을 듬뿍 안겨 주었습니다. 때묻은 마음도 씻어 주고 무거운 내 마음의 배낭도 가볍게 해 주었습니다. 파타고니아, 토레스 델 파이네에서 보낸 11일은 오로지 나만의 시간으로, 세상 모든 일들은 나와 아무 상관도 없는 듯이 느껴졌습니다. 트래킹은 언제나 기쁨을 주고 삶에 희망을 불어넣어 줍니다. 우리가 사는 지구촌은 얼마나 많은 아름다운 비밀을 품고 있을까요? 또 얼마나 더 걸어야 그 비밀을 엿볼 수 있을까요? 언젠가 다시 안데스로 가게 된다면, 반드시 파타고니아를 다시 찾을 것입니다.

엘 칼라파타르

푸에르토 나탈레스를 떠난 버스는 칠레 검문소와 아르젠티나 검문소를 거치며 2시간을 지체하였습니다. 그리고 끝없는 들판에 길만 나 있는 사막을 4시간쯤 달려 파타고니아의 관광 거점 아르젠티나의 엘 칼라파타르에 도착하였습니다. 늦은 밤, 버스정거장에서 내려 내리막 돌계단을 내려가면, 큰 도로가 나옵니다. 낯선 도시에서 홀로 밤길을 걸으니, 왠지 모를 긴장감이 맴돕니다.

가로등 불빛을 따라 거리를 걷다 지나가는 행인에 말을 걸었습니다.

모텔을 찾고 있다고 하였더니, 자기 집 앞에 모텔이 있으니 따라오라고 합니다. 중앙 도로를 벗어나 컴컴한 골목길로 들어서니 현지인 두 명이 다가왔습니다. 순간적으로 낌새를 느끼고 달려드는 놈의 낭심에 따끔한 벌침을 놓았습니다. 내 발은 아직도 녹슬지 않은 모양입니다. 그곳을 빠져나와 대로변에서 모텔을 찾으니, 어느덧 새벽 1시가 훌쩍 넘었습니다.

이른 아침부터 2층 버스를 타고 무려 3시간 동안 사막 같은 황무지를 달려, 안데스 산맥의 남단 아르젠티나의 아담한 산촌 엘 찰텐에 도착하였습니다. 마을 뒤로 피츠로이 산이 병풍처럼 펼쳐져 있습니다. 모텔로 이동하는 도중에 작은 빵집에 들러 여러 가지 빵 가운데 모양이 좋은 빵을 주문하였습니다. 야채, 고기, 달걀로 속을 채운 '엠파나다'라는 빵입니다. 맛은 한국의 호빵보다 못하지만, 영양면에서는 손색이 없는 속 든든한 빵입니다.

엘찰텐 마을 입구

피츠로이,
세로토레 트레일
ー 아르젠티나

피츠로이, 세로토레 트레일
ー 아르젠티나

피츠로이, 세로토레 산군

아르젠티나 남서부 로스 글레시어레스 국립공원에 있는 피츠로이는 3,405m 높이로, 일 년 중 1~2달 정도만 푸른 하늘을 볼 수 있을 만큼 변화무쌍한 날씨로 인해 등반하기도 힘든 곳입니다. 피츠로이 주봉은 암벽 높이만 1,951m에 달하기 때문에 지구촌 암벽 등반가들이 자주 찾는 산입니다.

인구 300여 명이 살고 있는 엘 찰텐은 피츠로이와 세로토레 산행 입구에 있습니다. 버스 터미널에서 마을 중앙으로 이어지는 400m의 쌘마틴거리는 상가입니다. 모텔, 음식점, 슈퍼마켓, 술집, 카페, 빵집, 장비 대여점, 여행사, 기념품 등 온갖 상가들이 밀집해 있습니다. 길

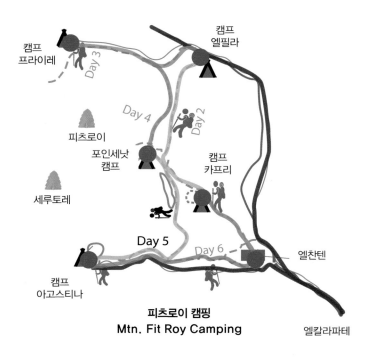

캠프
프라이레

Day 3

캠프
엘필라

Day 4

Day 2

피츠로이

포인세낫
캠프

캠프
카프리

세루토레

Day 5

Day 6

엘찬텐

캠프
아고스티나

피츠로이 캠핑
Mtn. Fit Roy Camping

엘칼라파테

가 벤치를 혼자 차지하고 잠을 자는 사람, 길거리에 주저앉아 지도를 살피는 사람, 끼리끼리 모여 웃음꽃을 피우는 사람, 모두들 여유를 즐기는 모습이 행복해 보입니다.

　피츠로이 산행 입구 100m, 아담한 도미터리에 짐을 풀었습니다. 도미터리는 가격도 저렴할 뿐만 아니라 지구촌 트레커들을 편하게 만나고 산행 정보도 쉽게 얻을 수 있어 매우 유익한 공간입니다. 아무리 낯선 사람일지라도 내가 먼저 말을 걸면 십년지기가 될 수 있습니다. 미국, 네덜란드, 오스트레일리아, 이스라엘 등 제각기 다른 나라에서 온

도미터리 식구들과 나누는 싱그러운 이야기는 여행에 활기를 불어넣었습니다.

세로토레는 암벽 높이만 1,227m, 암벽 등반가들의 로망이며 세상에서 오르기 힘든 봉우리 중 하나입니다. 세로토레 산군은 세로토레 3,102m, 토레아이거 2,900m, 푼타헤론 2,755m, 아구야 스탄아르트 2,800m, 4개의 고봉이 연결되어 있습니다.

엘찬텐 마을 — 캠프 카프리 4km, 2시간

캠핑 도중 음식을 살 곳도 없고 트레일도 순탄하여 마켓에서 5박 6일 캠핑에 필요한 부식을 챙겼더니, 배낭무게가 자그마치 28㎏이 되었습니다.

엘 찬텐 마을에서 카프리 캠핑장으로 이동합니다. 오후 3시경 지그재그로 마을 뒷산 숲 속을 20여 분 오르니, 활짝 트인 엘 찰텐 마을 전경이 한눈에 내려다보입니다. 오르막 숲길에는 크고 작은 나무가 하늘을 가리고, 숲 속 세상은 산새들의 영역입니다. 산릉선을 지나 숲 속의 고요함에 귀를 기울이다 보니, 어느덧 피츠로이 전망대에 도착하였습니다. 트레일 초입부터 1시간 반 정도 걸리는 거리입니다.

사방이 활짝 트인 전망대에서 피츠로이 주봉을 보는 순간, 감탄사가 절로 나왔습니다. 피츠로이는 히말라야의 마차푸차, 아마다블람, 알프스의 마테호른 세계4대 미봉에 속합니다. 차오르는 가슴을 누르고 또 하나의 세계적인 미봉을 추억 속에 담았습니다.

피츠로이 주봉은 마치 하늘을 받치고 있는 주춧돌 같습니다. 산 뒷면으로 하얀 구름이 주봉을 에워싸면서 한 폭의 아름다운 구름바다를 만들었습니다. 피츠로이 산군은 수시로 구름이 주봉을 감돌아 영적인 감흥을 줍니다. 하얀 뭉게구름을 배경으로 한 운치 있는 산세가 지금도 눈을 감으면 그 모습이 펼쳐질 만큼 인상적입니다.

카프리 캠프장은 수정같이 맑은 카프리 호수와 보석 같은 피츠로이 산이 보이는 곳입니다. 특히나 카프리 호수에는 수백 년 동안 쌓인 빙하의 역사가 숨 쉬고 있습니다. 저녁 식사 후, 호수 물로 끓인 커피 한 잔은 몸과 마음을 한결 푸근하게 해 주었습니다.

캠프 카프리 — 엘 필라 산장 8km, 4시간

피츠로이 산봉이 달아오르는 순간을 사진기에 담기 위해 이른 아침 호숫가로 나갔습니다. 호수의 물안개는 그지없이 아름답고, 옷 속으로 파고드는 상쾌한 아침 공기에 마음이 평화로워집니다. 피츠로이 주봉이 아침 햇살과 마주치자, 순식간에 황금색으로 변했다가 차츰 밝은 옷으로 갈아입습니다.

카프리 캠프장을 떠나 고요한 숲길과 개울을 따라 걷다가 칠레 산악인 2명을 만났습니다. 그들은 수직 암벽에서 원점회기 등반을 한다고 합니다. 바위능선을 따라 올랐다가 같은 코스로 되돌아오는 암벽등반입니다. 암벽등반은 2명 이상이 한 조를 이루어 움직이는데, 앞서 오를 때는 배후에서 봐주고, 후자가 등반할 때는 앞서가는 자가 봐주며 협동으로 오릅니다.

카프리 캠프장에서 2시간 정도 걸리는 숲 속의 피에드라스 전망대로 이동합니다. 피츠로이 산군 동북부를 전망할 수 있는 곳입니다. 전망대 정면 구일라멧 2,574m 빙산 계곡에서 간헐적으로 들려오는 낙빙의 굉음은 숲 속의 정적을 깨트립니다.

피에드라스 전망대에서 중년의 캐나다 트레커를 만나 엘피라 산장까지 동행하였습니다. 도중에는 낙타같이 보이지만 등에 혹이 없고 긴 머리와 다리, 작고 뾰족한 귀를 가진 라마 행렬을 만났습니다. 안데스 고산에서는 라마가 운송수단으로 이용됩니다. 라마는 하루에 30~40kg의 무게를 25km까지 운반할 수 있는데, 등짐이 무거우면 드러누워 버린다고 합니다. 생긴 것도 예쁘지만, 하는 짓도 귀엽습니다.

엘필라 산장으로 가는 트레일은 동화 속의 마녀가 나올 것 같은 적막한 숲 속 길이 이어집니다. 호젓한 숲길을 걷는 동안 캐나다 벤쿠버 부동산 이야기가 화제가 되었습니다. 벤쿠버의 고급주택은 중국 본토인들이 싹쓸이를 한답니다. 검은돈이 부동산으로 쏠린다는 의미였습니다.

지나온 곳을 뒤돌아보니, 이렉트리코 2,257m 능선에 쌓인 만년설과 그 너머로 피츠로이 산군이 아름답게 빛납니다.

엘필라 산장 – 피에드라 프라이레 캠프장 7km, 3시간

평탄한 이렉트리코 강변길을 따라 매서운 바람을 맞으며 걷는 트레일입니다. 강자락을 휘감고 도는 숲길을 지나 리오 블란코 계곡을 지나면, 강줄기 북쪽으로 설산 줄기가 길게 이어집니다. 피츠로이, 세로 토레는 공원 입장료가 없는데, 프라이레 산장으로 가는 길은 개인 소유이기 때문에 통과세를 받습니다. 엘찰텐 거주자나 가이드도 예외는 아닙니다.

이렉트리코 산군과 피츠로이 북면 산군이 다른 모습으로 펼쳐지는 가운데, 거대한 바위 2개가 나란히 보이는 캠프장에 도착하였습니다. 이 쌍둥이 바위가 캠프장의 수호신이라고 합니다. 캠프장 주인의 말에 의하면, 이 바위에 자신의 소원을 빌면 대부분이 이루어진다고 합니다.

가벼운 차림으로 캠프장 남쪽 3㎞ 쿠아드라도(Cuadrado) 전망대로 이동합니다. 가쁜 숨을 몰아쉬며 가파른 오르막길을 1시간 반 정도 올라 전망대에 도착하였습니다. 피츠로이 산군 설봉들이 살며시 고개를 내민 설산은 빙하의 연속입니다. 마코니 레인지와 이랙트리코 계곡이 한눈에 들어옵니다.

피에드라 프라이레 – 엘 필라 산장 – 캠프 포인세낫 11km, 5시간

프라이레 캠프장에서 포인세낫 캠프장으로 이동하는 트레일에는 두

가지가 있습니다. 바로 지름길과 둘레길입니다. 지름길은 1시간 반을 단축할 수 있으나 트레일이 위험하여 가이드와 동행해야 하며, 둘레길은 엘필라 산장으로 되돌아가 피에드라스 전망대를 지나는 트레일입니다.

포인세낫 캠프장으로 이동합니다. 완만한 강변 트레일, 숲 속 트레일, 음침한 숲길을 걷다가도 바람에 스치는 나뭇잎 소리, 개울물 소리에 놀랍니다. 포인세낫 캠프장에 도착하니, 캠퍼 4명이 나를 반겼습니다. 그들은 피츠로이에서 오버행 암벽등반을 하다 슬립을 하였고 절벽에서 비박을 하였다고 합니다. 여기에서 슬립이란 등반 중 미끄러져 떨어졌다는 말이고, 비박이란 예기치 않은 일기로 텐트 없이 노숙을 하였다는 의미입니다.

산티아고의 파타고니아 회사 직원이라고 소개한 그들과 함께 2㎞ 거리에 있는 로스트레스 호숫가 전망대로 떠났습니다. 파타고니아는 아웃도어 의류상품 회사로, 창업자는 이본 쉬나드라는 유명한 등반가입니다.

숲 속 트레일을 지나 바윗길을 오르고 내리며 호숫가 전망대에 도착하였습니다. 코앞에 트레스 호수 뒤편으로 거대한 로스 트레스 빙하가 계곡을 가득 채웠습니다. 굽이치는 계곡의 빙하 위로 피츠로이 산군 설봉이 얼굴만 빼꼼 내밀었습니다.

캠프 포인세낫 — 캠프 아고스티니 8km, 4시간

포인세낫 캠프장을 떠나 개울을 건너 숲 속으로 트레일이 이어집니다. 가파른 오르막과 내리막길을 지나 피츠로이 산봉을 끼고 걷다가, 마음까지 평화로워지는 아름다운 마드레 호수와 히자 호숫가를 지나갑니다. 캠프를 출발한 지 2시간을 지나 삼거리에 도착하면, 좌측은 토레 전망대, 우측은 토레호수로 가는 트레일입니다. 토레호수로 접어들어 50여 분을 걷다 화재로 죽은 나무숲 옆을 지나갑니다. 적막같이 고요한 하얀 숲 속은 사막보다도 더 삭막해 보입니다.

토레 호숫가에 있는 아고스티니 캠프장은 암벽 등반가들이 베이스캠프로 사용하는 캠프장으로, 이곳에서 록 클라이머 3명을 만났습니다. 그들은 어제 소름끼치는 등반을 하였다고 합니다. 절벽을 오르며 더블 테이크를 하다 바람에 휘말려 떨어지는 바람에, 로프에 매달려 시계추마냥 흔들렸다고 합니다. 더블 테이크란 절벽을 오를 때 잡을 거리가 멀어 중간물체를 잠시 잡고 다음으로 넘어갈 때 사용하는 기법입니다. 죽음의 문턱을 빠져나온 기분이라고 합니다. 그리고 자신의 능력에 맞는 대상지 선택이 중요하다는 말을 덧붙였습니다. 자기들이 시도했던 세로토레 남벽은 세계에서 가장 어려운 코스라고 합니다. 그들의 눈망울은 칼날을 떠올리게 할 정도로 차가웠으며, 구릿빛 얼굴에서는 강인한 느낌을 받았습니다.

간단한 차림으로 캠프장에서 15분 거리인 토레 호숫가로 나갔습니다. 세로토레 돌기둥 꼭지점 빙하의 날카로운 수직절벽, 삼각형의 뾰족한 설봉, 깊은 계곡의 설봉들이 마치 하얀 보석 같이 빛났습니다. 가슴을 울리는 드라마 속의 풍경 같은 세로토레 계곡에 떠 있는 칼날같은 봉우리 하얀 점 위에 내 추억의 한 조각을 매달아 두었습니다. 안데스의 추억, 내 추억의 한 조각이 만년설과 함께 영원히 숨 쉴 것입니다.

2㎞ 거리에 있는 마에스트리 전망대로 이동합니다. 토레스 호수를 끼고 바위언덕을 걷는 트레일입니다. 트레일 끝 지점에서 더 깊숙한 곳으로 들어가려고 하니, 가이드 없이는 들어갈 수 없는 구역이랍니다. 한동안 세로토레 주봉에 시선을 멈추고 있는 오스트레일리아 트레커 부부의 행복한 모습은 마치 정신을 잃은 사람 같습니다. 뒤따르던 트레커들 역시 찬양의 외침은 마치 천상의 여인을 본 듯 입을 다물지 못합니다.

캠프장의 밤은 자연의 소리로 가득 차오릅니다. 빙하가 떨어지는 굉음, 텐트를 날려 버릴 듯한 칼바람……. 압도적인 자연 풍광에서는 누구나 겸손해지나 봅니다. 하루하루 꿈인지 생시인지 모를 환상의 날들이 계속되었습니다.

캠프 아고스티니 — 엘 찰텐 8km, 4시간

피부가 거칠고, 몸도 나른하며, 발 근육도 삐걱거립니다. 오늘 아침은 누룽지로 해결합니다. 캠핑에서의 아침은 때로 누룽지가 일품

73

입니다. 매일 간소하게 끼니를 때우지만, 마음속에는 늘 행복을 담고 있습니다.

식사를 마친 후, 캠프장을 떠나는 락 크라이머 훈련생들의 훈련 모습을 보기 위해 따라나섰습니다. 가이드가 필요한 트레일이지만, 카라비너를 고정 로프에 걸고 두 손으로 쇠 로프에 매달려 15m 피츠로이 강을 건넜습니다. 그들과 그렇게 30여 분을 동행하다 샛길로 들어가 마에스트리 호수로 이동하였습니다. 아침 햇살에 반짝이는 세로토레 계곡에서는 수정처럼 맑은 빙하가 아름답게 빛나고 있습니다. 만년설에 덮인 그림 같은 바위산 봉우리가 아침 햇살에 반짝입니다.

엘찰텐 마을로 돌아가는 길, 여핵생 2명을 만났습니다. 몸의 중심을 제대로 잡지 못해 지팡이에 의지한 채 걷는 그들의 발걸음이 불편합니다. 많이 다친 것 같아 보여 혹시 도움이 필요하냐고 물었더니, 선천적으로 다리를 절고 태어났다고 합니다. 부모님이 산행을 극구 만류하였으나 용기를 내어 도전했고, 이번 여행에서 자신의 약점을 극복할 수 있는 힘과 신뢰를 경험했다고 합니다. 희망을 가지려고 노력하는 그들의 모습이 대견스러웠습니다. 어느 나라에서 왔냐고 물었더니, 프랑스의 남부도시 마르세유 고등학교 3학년이라고 합니다. 마르세유는 프랑스에서 2번째로 큰 상업도시로, 주변 도시를 합해 인구 약 168만 정도이며, 축구로 유명한 곳입니다. 걸으면서 의지를 배우는 그들이 나를 일깨워 주는 만남이었습니다.

캠프장을 출발한 지 1시간 30분 만에 세로또레 전망대에 도착하였습니다. 세로토레 산군이 멀리 들어오는 전망대입니다. 계속해서 가파른 내리막 트레일과 원만한 트레일을 반복하며 내려가다가, 엘 찰텐 마을 뒷산 언덕 위 전망대에서 숨을 가다듬었습니다. 캠프장을 떠난 지 3시간 정도 내려온 지점입니다.

페리토 모레노 빙하

엘 칼라파테 타운 광장에 음악축제가 열렸습니다. 부에노스 아이레스의 탱고 원정 가수들이 도시 전체를 들뜨게 달구어 놓았습니다. 오후 늦은 시간 '피라솔라'의 리베르 생음악 탱고가 흘러나오자, 수백 명의 팬들이 덩달아 몸을 흔들고 돌아갑니다. 거친 숨결의 탱고 음악이 흐를 때마다 관중들은 미친 듯이 몸을 흔들었습니다. 아르젠티나 사람들은 정열적이고 환상적인 삶을 사는 듯합니다.

엘 깔라파테에서 자동차로 1시간 30분 거리에 있는 페리토 모레노 빙하 관광에 나섰습니다. 80여 명의 관광객을 태운 빅토리아 아르젠티나 유람선은 모레노 빙하까지 근접하였습니다. 모레노 빙하는 남미에서 제일 큰 빙하로, 빙하폭이 4㎞, 길이 144㎞, 높이 60~100m 정도나 됩니다. 유람선이 빙하에 근접하자, 70m 높이의 빙하가 '리코 호수'로 곤두박질하였습니다. 꽝음과 함께 빙산이 파도를 일으켜 유람선이 휘청거렸습니다. 새삼 대자연의 위대함이 느껴집니다. 1시간 정도 빙하 주위를 유회하던 유람선이 선착장으로 되돌아 나와 모레노 빙하 전망대로 이동합니다.

모레노 빙하 전망대 둘레길은 도보로 5시간이 걸립니다. 그리고 아르헨티나 호수는 폭 4㎞, 길이 20㎞로, 아르헨티나에서 제일 큰 호수입니다. 하늘과 빙하, 호수 뒤 빙산에서 아름다운 빛을 내뿜는 풍경은 아름답기 그지없습니다. 300만 년으로 추정된다는 빙하와 호수, 광활한 설경은 누가 찍어도 좋은 사진이 될 것 같습니다.

둘레길을 둘러본 후, 엘 칼라파테 시내 중심지에 위치한 아사도 음식점에 들렀습니다. 아사도 음식은 숯불화덕 주위에서 양을 통째로 구워서 나오는 아르젠티나 전통 음식입니다. 양고기 부위에 따라 부드러움도 다르고 맛도 다를 뿐만 아니라 냄새도 전혀 나지 않습니다. 아도사와 아르젠티나산 '보데가 노톤' 포도주 맛은 지금도 잊을 수가 없습니다.

칠레의 최남단 도시, 푼타 아레나스

마젤란 해협에 위치한 도시는 전성기 때는 번성하였으나 파나마 수로 개통으로 인구 13만 도시로 전락하였습니다. 오늘날의 푼타 아레나스는 남극의 전초 기지로 이용되는 해양도시입니다.

이른 아침, 조용한 바닷가 도로를 거닐었습니다. 탐험가 마젤란이 대서양을 건너 태평양으로 건너갔던 물줄기는 고요히 흐르고 있었습니다. 그리고 시내 한복판 아르마스 광장에는 탐험가 마젤란의 역사가 담겨 있습니다. 마젤란 탐험대는 태평양 횡단에 성공 함으로써 지구가 둥글다는 것을 입증하였습니다. 그러나 팀을 이끌었던 마젤란은 태평양 횡단 도중 필리핀 원주민들에게 처참한 죽음을 당합니다.

77

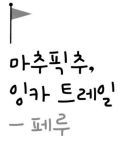

마추픽추,
잉카 트레일
— 페루

페루는 라틴아메리카 33개국 중 브라질과 아르젠티나에 이어 세 번째로 큰 나라입니다. 페루의 수도 리마에서 비행기로 2시간 거리인 쿠스코로 이동합니다. 쿠스코는 인구 50만 정도의 관광 도시입니다. 공항에서 택시로 15분 거리에 있는 잉카문명의 중심지였던 아르마스 광장 옆에 숙소를 정했습니다. 고성을 개조하여 호텔로 사용하는 숙소입로, 호텔 주변은 고전적인 스페인 양식의 건축물이 많습니다.

오밀조밀한 돌담 골목길에는 호텔, 레스토랑, 관광 소개소, 마사지 업소 등 많은 상점들로 북적이는데, 그중에서도 특히 수공예품 상점이 많습니다. 돌담 골목길을 지나 아르마스 광장 주변의 '산토 도밍고' 대성당으로 이동합니다. 성당은 장대한 외관보다 성당 내부시설이 우아합니다. 화려한 장식들이 황홀하고 기품 있게 느껴졌습니다. 시내 중앙에 위치한 잉카템플에 들러 잉카제국 시대의 문화와 작품들도 보았습니다.

쿠스코는 잉카의 독특한 문화가 살아 있어 골목길에서도 곳곳에 숨어 있는 잉카문명의 흔적을 엿볼 수 있습니다. 그래서 거리를 걷다 보면 어느새 잉카제국의 향기를 느낄 수 있습니다. 잘 보존된 뒷골목의 유적지를 따라 그들이 걸었던 길을 누비며 추억을 만들었습니다. '쁘레꼴롬바노' 박물관 주변 '하툰루미욕' 거리에서는 12각의 돌 예술을 만날 수 있습니다. 중앙의 큰 돌을 12조각 돌로 빈틈없이 정교하게 쌓아 올린 형태입니다. 쿠스코 골목길 스페인식 건축물에는 잉카인들의 슬픔이 깊게 묻어 있습니다.

시내 중심에 있는 중앙시장으로 이동하여, 좁고 붐비는 시장 골목에 들어섰습니다. 노점 틈새에서 장난하는 어린아이들, 손뜨개질을 하는 여인들 등 온갖 사람들이 모이는 이곳은 전통 재래시장입니다. 사람들뿐 아니라 온갖 냄새와 음악소리도 가득합니다. 매일 가슴으로 일기를 쓰고 풍경도 마음의 화폭에 담았습니다.

잉카 트레일 45km

현지 여행사를 통해 잉카 트레일 투어에 참가하였습니다. 말에 의하면, 첫날은 쉽지만 둘째 날과 셋째 날은 아주 힘들고, 넷째 날은 조금 힘들다고 합니다. 이 투어는 트래킹 도중에 유적지를 구경하며 잉카의

역사도 탐방하는 여행입니다. 잉카제국 당시, 광대한 지역을 통치하기
위해 안데스 산맥에 만들어진 산길을 '차스키'라는 파발꾼이 이어서 달
려 중앙정부의 어명을 전달하였다고 합니다. 그중 마추픽추 일부를 트
래킹 코스로 만든 것이 바로 잉카 트레일입니다.

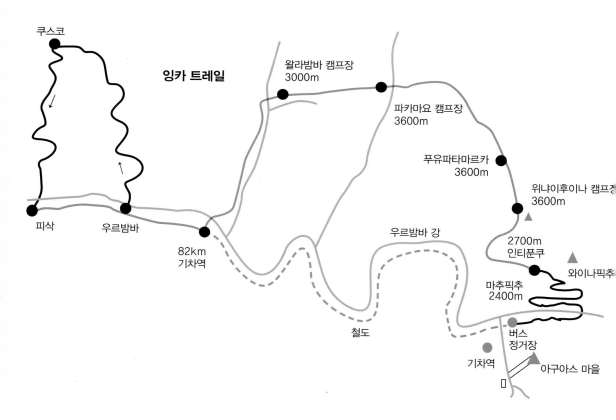

피스카쿠추 — 왈라밤바 캠프 12km, 6시간

쿠스코 레고시호 광장에서 새벽 5시에 출발한 버스는 여러 호텔을 돌며 트레커들을 태운 후, 비밀의 계곡 오얀따이탐보를 거쳐 마추픽추 철도 82㎞ 지점인 피스카쿠추에 도착하였습니다. 쿠스코에서 2시간 10분 거리입니다.

국립공원 입구에서 간단한 입산 수속을 마치고, 우리의 코스는 우르밤바 강을 건너는 서스펜션 브릿지로 이어집니다. 우르밤바 강물은 잉카의 아픈 역사를 탁류 속으로 흘러 보내는 것 같습니다. 구름 사이로 내려쬐는 따가운 햇빛을 손바닥으로 가리며 반시간 정도 농촌 경치를 보며 완만한 길을 걷습니다. 그리고 외로운 마을을 지나면 가파른 트레일이 시작됩니다.

트레일은 계곡 위 우르밤바 산중턱으로 완만히 연결됩니다. 땀에 젖은 채 가파른 언덕을 넘으니 파탈락타 2,750m 고원지대의 탁 트인 풍경이 파노라마처럼 펼쳐집니다. 계곡 아래서 불어오는 신선한 바람이 일행을 감싸 주었습니다. 트레일 입구에서 2시간 반 거리입니다. 내리막길 숲 속을 걷다 '쿠시차카'라는 계곡에서 휴식을 취하였습니다. 그리고 오후 시간에는 계곡 숲길을 3시간 정도 걷다가 왈라밤바 캠프장에 도착하였습니다.

계곡이 내려다보이는 캠프장은 간단한 편의 시설만 구비되어 있었습니다. 이번에는 파리 외곽 항구도시 옹프뢰르에서 산업 디자인 공학도

81

라는 프랑스 청년과 텐트 메이트가 되었습니다. 그는 여행 맛을 아는 멋진 청년입니다. 지구촌 여행을 다니다 보면 세상이 아릅답다는 느낌을 받는다고 내 소감을 말했더니, 그 역시 동감이라며 응수합니다. 그리고는 새로운 여행지에서 느끼는 창의적인 시야와 상상력이 그의 전공인 산업 디자인에 도움이 된다고 덧붙입니다. 자연의 세상에서 새로운 것을 느껴 자기 성찰에 도움이 된다는 의미입니다.

왈라밤바 캠프 — 파카마요 캠프장 11km, 7시간

아침 식사 후, 좁은 계곡의 오르막 트레일을 지나 루루차팜파 마을에서 잠시 쉬었습니다. 안데스 산골의 집은 히말라야 산골집과 흡사합니다. 흙벽돌로 쌓아 올리고, 기둥과 기둥 사이에 대나무나 짚 수수깡으로 이어서 진흙으로 외벽을 완성하였습니다. 지붕은 널판자를 얹고 흙을 올리거나 양철로 덮습니다. 방은 흙바닥에 멍석이 깔려 있습니다. 그들은 비록 남루한 집에 살면서도 그들만의 토속종교를 믿으며 행복한 삶을 살고 있었습니다.

잉카 트레일 코스 중 가장 힘든 트레일은 '데드우먼 패스'입니다. 끝이 안 보이는 돌계단, 가파른 오르막 숲길, 힘든 내리막길로 구성된 트레일입니다. 가파른 오르막길 앞에서 잠시 달콤한 휴식을 취한 후, 또다시 숨을 깔딱거리며 만년설 봉우리가 한눈에 들어오는 고갯마루에 올랐습니다. 캠프장에서 4시간 거리입니다.

계곡 아래 숲에서 금속 광택의 아름다운 깃털과 길죽한 부리를 가진 벌새가 빠르게 날아다닙니다. 공중에서 정지도 하고 앞뒤 수직으로 자유자재로 날다 갑자기 자취를 감추어 버립니다. 동전 하나보다 가벼운 벌새는 1초에 60번 날갯짓을 한다고 합니다. 계속하여 가파른 내리막 길을 내려가다 점심시간이 주어졌습니다.

오후에는 오르막 트레일이 시작되었습니다. 안데스의 고원을 오르고 내리는 트레일이 이어지더니, 어느덧 계곡이 내려다보이는 파카마요 캠프장에 도착하였습니다. 이곳은 수세식 변소와 샤워시설이 있으나 냉수욕만 할 수 있는 샤워장입니다.

저녁 시간, 한줄기 거친 비가 지나가고 다시 맑아졌습니다. 물들어가는 서쪽 하늘의 새하얀 구름 사이로 비추어드는 석양의 빛줄기가 그지없이 아름답습니다. 오늘도 그렇게 아름다운 석양의 안데스 풍광을 가슴에 담았습니다.

파카마요 캠프장 – 위냐이후이나 캠프장 16km, 8시간

오늘은 많은 잉카유적을 볼 수 있다는 말에 설렘을 가득 안고 출발하였습니다. 그런데 오늘은 출발점부터 오르막 트레일이 시작되었습니다. 돌계단 오르막 구간 중간 지점에 위치한 '룬쿠라카이' 계단식 밭이 있는 신전 유적지에 들렀습니다. 높은 지대라 사방을 볼 수 있는 망루입니다. 돌로 쌓은 하트 모양의 성은 작은 요새지로, 스페인 침략자들과의 치열한 접전도 있었던 곳이라고 합니다.

그곳에서 2㎞ 가파른 오르막과 내리막길을 걷다가 무너진 성곽 '사야마르카' 유적지에 도착하였습니다. 두께 2m, 높이 5m, 견고한 돌로 쌓아올린 성곽으로, 그 규모로 보아 100여 명이 살았던 성곽으로 추정됩니다. 무너진 성곽이지만, 잉카제국의 문화에서 그들만의 독특한 돌을 다루는 기술이 돋보였습니다.

트레일은 다시 숲 속을 오르내리다 마지막 고개를 치고 올랐습니다. 오르막 고개에 이르니 다시 내리막길로 이어졌습니다. 그곳에 '푸유파타마르카' 유적지가 있습니다. 깊은 계곡 위에 세워진 성으로, 그 어떤 무쇠 적이라도 침공하기 어려워 보입니다. 푸유파타마르카 유적지에서 내리막 아오밤바 계곡 2㎞ 구간은 폭 1m로, 무려 2,000여 개의 돌계단으로 이어집니다. 마추픽추 농경지도 그 규모가 커서 '제2의 마추픽추 경작지'라 불리는 위냐이와나 유적지에 들렀습니다. 비탈진 계단식 농경지 중앙에 옛 건물의 뼈대만 남은 것은 마추픽추와 비슷합니다.

리오 우르밤바의 아름다운 절경이 내려다보이는 위냐이후이나 캠프장은 시설이 좋아, 뜨거운 물로 샤워도 할 수 있고 생수와 맥주를 살 수 있는 상점도 있습니다.

위냐이후이나 캠프장 ― 마추픽추 4km, 2시간

마추픽추 일출을 보기 위해 새벽 4시에 보슬비 내리는 숲 속 트레일을 1시간 정도 걸었습니다. 멋진 잉카문화와의 추억을 하나 더 쌓을 것 같아 가슴이 벅찼으나, 기대에 부풀어 있던 마음은 이내 약간의 아쉬움으로 물들었습니다. 태양의 문 인티푼쿠에 도착하니 마추픽추 주변이 구름에 갇혀 있었던 것입니다. 절벽 아래로 우르밤바 강줄기와 마추픽추로 오르는 지그재그 도로가 구름 사이로 희미하게 보입니다. 인티푼쿠는 사방을 감시할 수 있는 망루 같은 곳입니다.

마추픽추로 이어지는 산허리에 다듬어진 트레일로 마추픽추에 도착하였습니다. 태양의 문에서 40분 거리입니다. 마추픽추 유적지는 산과 강으로 둘러싸인 절벽에 작은 축구장 4~5개 정도의 면적에 정체 모를 건물 뼈대만이 흩어져 있었습니다. 주변은 3,000m 고봉과 절벽으로 둘러싸여 있어, 낮은 곳에서는 마추픽추가 보이지 않아 '공중 도시'라고도 합니다. 사학자들은 이곳이 왕실 은신처나 겨울 궁전으로 약 800여 명이 살았을 것으로 추측하고 있습니다.

유적지 높은 곳에 위치한 신전의 돌담은 너무나 정교하여 종이 한 장이 들어갈 틈도 없을 정도로 돌의 아귀가 정교하게 맞추어져 있습니다. 경사면에 계단식 밭을 만들기 위해 돌로 축을 쌓아올린 모습도 특이합니다. 돌은 정교하게 깎아 정사각형이 아닌 불규칙한 사각형으로 만들었습니다. 잉카문화의 정교한 석조 문화는 한마디로 '예술'입니다.

가이드는 마추픽추 중앙에 위치한 반원형태의 태양 관측소로 인도하였습니다. 그들은 이곳에 태양을 묶어 놓고 태양의 그림자로 빛의 움직임을 측정하였다고 합니다. 이어 유적 중앙에 위치한 유일한 평지 주변에 있는 백여 궁녀들이 살았다는 곳으로 안내하였습니다. 그곳에는 잉카의 여자들이 살았던 화려했던 자취는 사라지고, 건물벽만이 남았습니다. 이렇게 높은 지역으로 물을 끌어들인 기술도 특이합니다. 물을 공급하였던 당시의 돌담들이 현재도 보존되고 있었습니다.

다음으로 태양신에게 제사를 지내던 곳으로 이동하였습니다. 유적지 건너편 동쪽 산은 날개 편 콘도르 새의 모양 같고 오른쪽 산은 퓨마 같아, 그 두 산이 마추픽추를 보호한다고 합니다. 지금도 잉카인들은 콘도르 새를 태양의 신으로 추앙하고 있습니다.

깎아지른 듯한 수천길 낭떠러지 절벽에 있다는 잉카 브릿지로 이동합니다. 절벽 바위 난간을 통과하는 길은 쇠사슬을 잡고 가는 절벽 난간입니다. 절벽 바위틈에 수줍게 피어난 이름 모를 꽃들이 잉카의 영혼처럼 슬프게 느껴졌습니다. 공원 관리원이 트레일 초입에서 관광객의 통과시간을 일일이 기록합니다. 사고를 관리하는 것입니다. 위험한 절벽 트레일을 20여 분 걷다 보면, 귀신도 두려워할 벼랑 끝에 브릿지가 보입니다.

잉카 브릿지는 절벽과 절벽 사이를 이어 주는 10여 미터에 통나무 6개가 걸쳐져 있는 모습입니다. 이 트레일은 스페인 침략자들을 피해 도망갈 수 있는 유일한 통로로, 잉카인에게는 마지막 생명줄과도 같은 곳입니다. 하루 종일 비와 구름이 따라다녔으나 15세기 잉카인들의 발자취를 따라 걸으며 잉카제국의 정취를 한껏 느꼈습니다.

페루의 대표적인 여행지 마추픽추에는 역사의 신비가 담겨 있습니다. 그리고 잉카 트레일에서 만난 현지인들은 고통과 어려움을 하나의 수업으로 받아들이며 살고 있었습니다. 종교 속에서 자기를 믿고 현재를 평화롭게 살다 행복한 죽음을 터득한 듯합니다. 고통 끝에 삶의 영혼이 꽃핀다는 것을 믿는 사람들입니다.

와이나픽추 트레일 1.5km, |시간

아구아스 마추픽추 마을은 아구아스강과 알카마요 강이 서에서 동으로 흘러 빌카노타 강과 합류하는 지점입니다. 마을 중앙으로 개울이 흐르는데, 이 개울을 연결하는 7개의 다리가 이 마을의 수호신입니다. 인구 1,000여 명의 조그마한 마을이지만 지구촌 관광객의 발걸음이 끊기지 않는 곳입니다.

아침 5시 30분, 마추픽추로 떠나는 버스 정류장에서는 무려 백여 명의 관광객이 차례를 기다리고 있었습니다. 공원 전용버스 10여 대는 5분 간격으로 아구아스 카렌테스 기차역에서 출발합니다. 우르밤바 강을 건너 가파른 비포장도로를 13번 킥백하여 25분만에 마추픽추 유적지 앞에 도착합니다.

마추픽추와 연결된 와이나픽추로 오르는 트레일은 1.5㎞나 이어지는 절벽길입니다. 길이 협소하여 하루 400명으로 제한하며, 오전 7~8시와 10~11시에 각각 200명의 입산이 허락됩니다. 최근에는 관광객이 늘어나면서 입산 허가를 6~7주 전에 신청해야 예약이 가능합니다. 그리고 예약된 날짜에만 입산이 유효하며, 취소할 경우에는 일체의 금액을 반환하지 않습니다.

트레일은 초입부터 가파른 돌계단으로 이어집니다. 돌계단 아래를 보면 현기증이 나지만, 돌축대로 난간을 만든 절벽길은 예술입니다. 트레일 도중에 만나는 희귀한 고산식물, 산뜻한 바람은 유쾌합니다. 트레일 입구에서 15분 거리에 오르막길에서 갈림길이 나옵니다. 어느 길로 가든지 정상에 이릅니다. 윗길은 둘러 가는 길이고, 아랫길은 지름길입니다.

지름길은 가파른 스위치백 트레일로 연결됩니다. 경사진 절벽 끝부분은 돌로 축대를 쌓아 올려 길을 만들었습니다. 수없이 반복되는 스위치백 트레일로 올라, 트레일 입구에서 40여 분 올라온 지점에서 바위터널을 통과합니다. 터널이라기보다는 바위 밑으로 통과하는 길입니다. 바위 밑을 지나면 큰 바위들이 어지럽게 널려 있는 정상이 모습을 드러냅니다. 트레일 입구에서 1시간 거리입니다.

정상에 오른 사람들은 하나같이 행복한 모습입니다. 구름이 걷히고 햇살이 나오니, 마치 빛을 처음 보는 사람처럼 표정이 한결 밝아집니다. 힘겹게 올라온 노부부는 속삭이듯 이야기를 나눕니다. 무사히 올라오게 해 주신 하나님께 기도하는 그들의 모습이 좋아 보입니다. 며칠간 비와 구름만 따라다녀 흐렸는데, 오늘은 날씨도 좋아 주변의 모습을 사진기에 담을 수 있어 더욱 행복한 하루였습니다.

올란따이땀보행 기차는 아름다운 계곡과 옥수수 밭을 1시간 30여 분 달렸습니다. 그리고 우루밤바 역에서 대기 중이던 버스를 타고 쿠스코로 이동하였습니다. 2시간 거리에 있는 쿠스코로 향하는 버스에서 가이드로부터 잉카 역사에 대해 간단히 들을 수 있었습니다. 남미를 통일한 잉카제국은 절대권력과 종교를 이용하여 에콰도르, 페루, 칠레, 볼리비아, 아르젠티나에 이르는 광대한 남미를 통치하였습니다. 허나 스페인의 정복자들로 인해 그들의 문화는 하루아침에 지구상에서 사라져 버렸습니다.

현지 여행사를 통해 대성당, 잉카 박물관, 로레또 골목, 꼬리깐차 황금사원, 산또 도밍 교회, 라꼼빠니아 테레수스 교회, 중앙시장, 미라도라 전망대, 도시 외곽에 있는 마라스, 모라이, 친체로 등지를 둘러보았습니다. 달콤했던 잉카 여행은 아름다운 향기로 남을 것입니다. 트래킹을 하며 다양한 지구촌 사람들을 만나는 동안 새로운 여행에 대한 꿈을 꾸며 희망을 품습니다. 캠핑을 같이하며 웃음을 나누었던 트레커들, 아름다운 느낌을 함께했던 고마운 캠퍼들, 정을 나누었던 아름다운 사람들, 모든 분들에게 기분 좋은 추억만 남겨 두렵니다. 아름다운 감정이 요동쳤던 순간순간들이 나의 삶에 창문이 되어 줄 것입니다.

89

Himalaya

히말라야

· 사진으로 보는 히말라야 ·

깔라파타르에서 보는 에베레스트 동남면 전경

소나사애서 바라본
에베레스트 산군 전경

텡보체 고갯길에서 보는 세계 3대 명산
아마다블람 서북면 전경

고교 제3호수에서 바라본
초유, 고교피크, 고교마을 전경

초유 BC 트레일에서 바라본
세계 6위 초유주변의 파나로믹 빙하 전경

순백의 화폭에 담긴
고교 제3호수와 설산

고교 제3호수에 담긴 렌조패스와
고교피크 트레일

렌조패스에서 바라본 쿰부히말 전경
에베레스트, 로체, 눕체가 보인다

렌조패스에서 바라본 쿰부히말 동면 전경
에베레스트도 보인다

초유 BC에서 바라본 고줌바 빙하와
가우나라 빙하 전경

초유 트레일에서 보는
쿰부히말 남면 전경

에베레스트의 아침 해가 쿰부히말 캠프장을 밝힌다

해발 4,910m, 로부체 롯지. 김일권 - 필자 - 함태영 - 허영호 - 최종열

칼라파타르에 오른 '87~'88
한국 에베레스트 원정대 – 필자, 최종열, 김일권

눕체를 배경으로 '87~'88 한국 에베레스트 원정대
우측 2번째가 한국의 대표적인 산악인 허영호 탐험가이다

고교피크에서 내려다본
고교 마을과 제3호수 전경

고교피크에서 보는
캉데카, 탐세루크, 쿠슘 강가루 전경

추궁피크에서 바라본
눕체빙하 전경

칼라파타르 피크
남쪽 전경

포카라의 페와달 호수에서 보는 안나푸르나 산군 전경

안나푸르나 순환 트레일에서
가장높은 고갯길 토롱라패스 전경

석양에 빛나는
안나푸르나 남면 전경

안나푸루나와 마주 보는
세계 7위 다울라기리

세계 3대 명산
마차푸차레 전경

소리마저 얼어붙은
히말라야

에베레스트 쿰부 히말 트레일 – 동부 네팔
고교루트, 에베레스트 트레일 – 동부 네팔
안나푸르나 순환 트레일 – 서부 네팔

히말라야(Himalaya) 산맥에는 세계에서 제일 높은 에베레스트가 있고, 지구상에서 가장 아름다운 명산인 마차푸차레와 아마다블람이 있습니다. 그리고 히말라야 산맥에는 세계 10대 최고봉 중 8개가 있으며, 세계에서 가장 인기 있는 안나푸르나 트래킹과 에베레스트 트래킹 코스도 있습니다.

　히밀라야에는 네팔왕국과 부탄왕국이라는 두 개의 소왕국이 있습니다. 네팔왕국은 2006년 민중들의 민주화 요구에 네팔왕정 200년 역사가 종지부를 찍고 네팔 공화국으로 정부체제가 바뀌었습니다.

　히말라야 산맥에는 14개의 8,000m급 고봉이 있습니다. 14개 중 9개는 네팔에 있으며 5개는 파키스탄과 중국 국경에 위치합니다. 네팔에는 에베레스트 8,848m, 캉첸중가 8,603m, 로체 8,616m, 마카루 8,463m, 초유 8,201m, 다울라기리 8,167m, 마나슬루 8,163m, 안나푸르나 8,091m, 시샤팡마 8,012m 그리고 K2 8,613m, 남가파르바트 8,128m, 가셔브롬 1봉 8,070m, 가셔브롬 2봉 8,035m, 브로드피크 8,048m 5개는 파키스탄과 중국 국경에 있습니다.

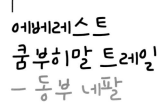

에베레스트 쿰부히말 트레일
— 동부 네팔

에베레스트 베이스(EBC)캠프로 가는 트래킹은 에베레스트 루트와 고교 루트의 두 가지가 있습니다. 에베레스트 등반팀은 남체바자에서 팡보체를 지나 에베레스트 루트로 오릅니다. 쿰부히말 교교 루트는 남체바자에서 몽라, 고교, 촐라패스를 넘는 루트입니다. 트래킹 적기는 10~11월, 4~5월입니다. 대체로 기후가 건조하고 맑은 날씨가 지속되어 히말라야의 고봉을 볼 수 있기 때문입니다.

전통적인 에베레스트 루트는 남체바자, 텡보체, 페리체, 로부체, 고락셉, EBC로 이어지는 루트로, 보통 14~15일이 걸립니다. 그리고 EBC에서 남체바자까지 내려오는 트레일은 3일 정도 걸립니다. '쿰부히말 루트'라고도 하는 고교 루트는 남체바자, 몽라, 마르체모, 고교, 촐라패스, 로부체, 고락셉, EBC로 이어지며, 에베레스트 루트보

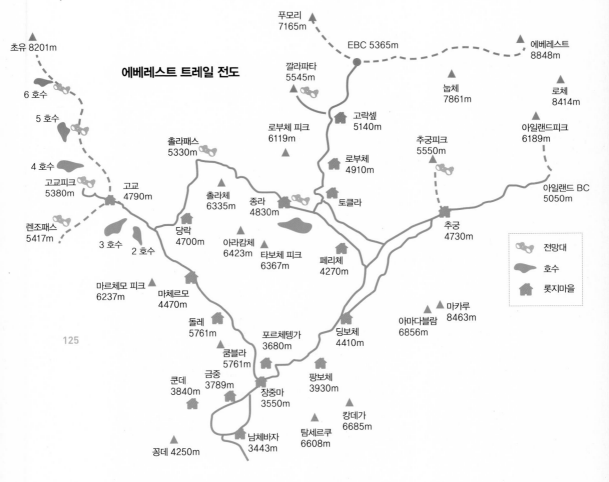

에베레스트 트레일 전도

초유 8201m
6 호수
5 호수
4 호수
고교피크 5380m
고교 4790m
렌조패스 5417m
3 호수
2 호수
당락 4700m
마르체모 피크 6237m
마체르모 4470m
돌레 5761m
쿰블라 5761m
쿤데 3840m
금중 3789m
장중마 3550m
꽁데 4250m
남체바자 3443m

푸모리 7165m
EBC 5365m
깔라파타 5545m
졸라패스 5330m
로부체 피크 6119m
고락셉 5140m
졸라체 6335m
종라 4830m
로부체 4910m
토클라
아라캄체 6423m
타보체 피크 6367m
페리체 4270m
포르체텡가 3680m
딩보체 4410m
팡보체 3930m
탐세르쿠 6608m
캉데가 6685m

에베레스트 8848m
눕체 7861m
로체 8414m
추궁피크 5550m
아일랜드피크 6189m
아일랜드 BC 5050m
추궁 4730m
마카루 8463m
아마다블람 6856m

전망대
호수
롯지마을

125

다 2일 정도가 더 걸립니다.

쿰부지역에서 에베레스트를 볼 수 있는 전망대에는 4곳이 있습니다.
칼라파타르 5,556m, 고고피크 5,357m, 고교 제5호수 4,990m, 꽁데
4,250m입니다. 그리고 졸라패스 5,420m, 렌조패스 5,417m, 콩마라
패스 5,535m에 쿰부 3대 고갯길 전망대가 있습니다. 졸라패스에 오르

면 에베레스트, 눕체, 잠체, 아마다블람, 마카루, 초유, 따우제를 볼 수 있으며, 렌조패스에서는 에베레스트, 마카루, 꽁데, 탐세르쿠, 캉데카, 티베트 방향의 초유주변 파노라마가 보입니다. 그리고 콩마라 고개에서는 로체, 눕체, 로체샬, 아마다블암, 마카루, 임자체가 보입니다.

루크라 비행장에서 EBC 왕복거리는 대략 125㎞, 고교 루트는 120㎞ 정도입니다.

쿰부히말 고교 트레일은 에베레스트 트레일보다 쉬우나 촐라패스를 넘는 고갯길이 험난합니다. 촐라패스를 넘는 구간에 크레파스, 얼음, 돌덩이 빙하가 있어 가이드가 필요하지만, 경치는 좋습니다. 세계의 지붕으로 가는 길은 경사가 급하고 산소가 희박하여 하루에 많이 오를 수도 없습니다. 대기 중의 산소는 고도에 따라 희석도가 달라집니다. 대체로 해발 4,000m 정도에서는 40%가 5,000m에서는 50%가 8,000m 고산에서는 67%가 감소한다고 합니다.

에베레스트 베이스 캠프에서는 에베레스트를 볼 수 없기 때문에 푸모리 7,145m 산의 남쪽에 있는 칼라파타르 5,540m 산중턱으로 오릅니다. 고락셉에서 2시간 정도 가파른 칼라파타르에 오르면 에베레스트 8,848m, 로체 8,414m, 눕체 7,861m, 마카루 8,463m, 아마다블람 6,856m, 푸모리 7,165m, 초유 8,201m, 촐라체 6,440m, 따우제 6,540m 등 히말라야의 하얀 산줄기가 끝없이 펼쳐집니다.

1987년 겨울, 한국 에베레스트 원정대가 카트만두에 도착하였습니다. 김일권을 원정대장으로 하여 등반대장 함탁영, 등반대원 허영호,

최종열, 정갑수 김춘수, 김재건, 김제식으로 이루어진 원정대입니다. 이전부터 알고 지내던 허영호 대원을 통해 원정팀 코멤버가 되고 싶다는 내 의중을 전달하였습니다. 원정대는 나를 원정팀 코멤버가 되도록 허락해 주었습니다.

루크라 2,850m — 팍딩마 2,610m 3시간

카트만두에서 18인승 경비행기로 40여 분의 비행 끝에 루크라 비행장에 도착하였습니다. 활주로가 짧아 위험한 비행장입니다. 루크라를 출발하여 두드코시 강을 따라 오르락내리락하며 팍딩마로 향합니다.

루크라 공항에서 가까운 두드코시 강을 건너는 다리에서 포터가 '물의 신'에게 라마교의 경을 외우며 기도를 합니다. 눈 덮인 산과 산 사이에 옹기종기 모여 사는 그들은 흐르는 강물에 재앙을 막아 달라고 기도합니다. 마을 앞 거리에는 '타르쵸'라는 오색 깃발이 휘날리는데 색깔마다 각기 다른 뜻을 품고 있습니다. 파란색은 하늘, 하얀색은 구름, 노란색은 흙, 초록색은 바람, 그리고 빨간색은 불을 의미합니다.

루크라를 출발하여 3시간 정도를 오르다 팍딩마 롯지에서 여장을 풀었습니다. 숙소 동쪽으로 거대한 쿠슘캉그루의 6,367m 웅장한 설산과 함께 살아가는 그들은 산과 비슷한 심장을 가지고 사는 것 같습니다. 늦은 시간에 부엌을 들여다보니, 내 또래의 남자와 여자가 다정히 차를 마시며 콧노래를 부르는 모습이 보였습니다. 남자는 낡은 청바지에

티셔츠를 걸쳤고 여자는 네팔 전통복 차림입니다. 호화 주택에 살면서 다투는 사람도 있는데, 오두막집에 살면서도 웃음과 노래로 살아가는 그들의 인생이 부러웠습니다. 깊고 깊은 산속 초롱불 밑에서 아웅다웅 이야기를 나누는 그들의 모습이 정말 행복해 보였습니다.

그들이 부러워 내가 먼저 말을 걸었습니다. 알고 보니 일본인이었던 그들은 현대문명은 발전하였지만 인간은 퇴보하였다는 이야기를 하며, 도시보다 별들이 꼬리를 물고 길을 밝히며 뚝뚝 떨어지는 이곳이 더 좋다고 합니다. 다른 세상에서 다른 가치를 보고 배우면서 사는 그들이 정말 부러웠습니다. 나도 그들처럼 이런 곳에 무작정 눌러살고 싶어졌던 밤이었습니다.

대한민국의 1960년대 시골집보다 초라한 이곳 숙소에서 조그만 창문으로 내다보이는 전경, 옆집에서 들려오는 갓난아기 울음소리, 그리고 트레커들의 방탕한 웃음소리에 시달리다 이내 잠이 들었습니다.

팍딩마 2,610m — 남체바자 3,443m 5시간 30분

어제와 다름없는 아침인데 내 마음은 새털처럼 가볍고 명랑합니다. 아마도 에베레스트 원정팀과 합류한다는 것이 행복하기 때문일 겁니다.

순탄한 길을 한동안 걷다 나무다리를 건너고 경사진 계곡길을 올라 '조사레'라는 마을에 당도하였습니다. 새로 개간한 밭에는 채소가 탐스럽게 자라고 있었습니다. 네팔 현지인들을 위한 일본의 농업 시험장입

니다. 그곳에서 2시간정도 올라가니 경사가 급한 트레일로 접어들어 오르고 내리는 첩첩 산길로 들어섰습니다. 돌계단 내리막길을 지나고 시냇물을 건너는 나무다리 위에서 마주 오는 야크를 만났습니다. 야크는 시력이 나빠 사물을 정확히 볼 수 없다고 합니다. 소와 비슷하게 생겼으나 폐가 크고 피가 진해 추위에 잘 견디며 고산 지대에서 말이나 소 대신 짐을 나르는 동물입니다.

계곡 사이로 높은 설산을 바라보며 바윗길과 냇물을 지나고 'V'자 계곡을 지나, 보테코시 마을에 당도하였습니다. 그곳에서 출렁다리를 건너 가파른 킥백 트레일로 2시간정도 올라가니 삼면이 산으로 둘러싸인 남체바자 3,440m에 당도하였습니다. 에베레스트 트레일에는 가파른 지그재그 언덕길이 네 군데 있는데, 이렇게 첫 번째 난코스를 지난 것입니다.

남체바자는 에베레스트 인근에서 제일 큰 마을로, 쿰부지역 사람들이 모여 살고 있습니다. 마을 중심에는 기념품 가게와 음식점, 모텔, 잡화상이 몇 개 있으며, 마을 앞 전망이 좋은 사가르마타 국립공원에는 설산과 빙하에서 사는 흰색표범과 작은 팬터곰, 희귀동물이 서식합니다. 공원 전망대에 오르니 깊은 계곡 위로 까마득하게 아마다블람과 에베레스트 산군이 한눈에 들어옵니다.

남체바자 게스트 하우스 식당에는 지구촌 트레커들로 분주합니다. 산에서 만난 사람들은 산에서 헤어지지만, 서로의 심정을 제대로 받아주고 이해해 주는 사람들입니다. 서로가 주고받는 산의 정보로 하얗게 쌓여 있는 눈 밑의 다른 세상도 알 수 있습니다. 오후 늦은 시간 자유 시간을 보내는 식당 분위기에 취해 나도 그들과 합류하였습니다. 자유로운 분위기에 취하고, 맥주맛에 취하고, 새로운 산 친구를 만나 반가워 마시고 또 마셨습니다. 경비는 공동 부담이었는데, 계산서를 보니 맥주값이 카트만두에서보다 3배나 뜨겁습니다.

남체바자 3,443m – 상보체 3,720m – 남체바자

고저적응 훈련을 위해 남체바자에서 하루 쉬기로 하였습니다. 고산병을 예방하려면 하루 600m이상은 오르지 말라는 고산등반 규칙에 따른 것입니다. 남체바자 동네를 한 바퀴 돌아 에베레스트 국립공원에 들렀더니, 에베레스트 주변 연봉들이 눈앞에 펼쳐집니다. 현지인들은 에베레스트를 '사가르마타'라 부릅니다. '눈의 여신'이란 뜻입니다. 이웃나라 부탄에서는 '초모롱마'라 부르는데, 이는 '세계의 여신'이라는 뜻입니다.

가파른 오르막 상보체 트레일로 30여 분 오르니, 능선 위로 넓은 들판이 펼쳐졌습니다. 비행장 활주로가 나오고 에베레스트 뷰 호텔도 있었습니다. 일본인이 투자한 4성급 규모로 주변 풍경이 뛰어난 곳입니다. 텡보체 초텐 사원도 둘러보았습니다. 텡보체 초텐 사원은 쿰부지역에서 제일 큰 사원으로, 수천 권의 라마불경 고서들이 보관된 곳입니다. 셀파들은 티베트 종교를 통해 신의 보호를 받는다고 믿는데, 그

런 만큼 사원 주위에서는 엄숙함이 느껴졌습니다.

가는 날이 상보체 장날입니다. 장날은 일주일에 한 번 열리는데, 이웃마을 사람들 중에는 며칠씩 걸어서 오는 사람도 있습니다. 그리고 이곳에 가져온 가축을 팔고 필요한 생필품인 차, 설탕, 소금, 담배 등을 구입한다고 합니다.

남체바자 음식점에서 '레썸 삐리리' 흥겨운 네팔 음악이 은은히 들려왔습니다. 커피잔을 들고 건너편 음식점으로 건너갔더니, 지구촌 남녀 트레커 5~6명이 네팔 악기와 다마하 드럼에 맞춰 춤과 노래에 흠뻑 빠져 있습니다. 힘 있게 활을 올리고 내릴 때마다 악기 밑에서 타는 듯한 정열의 곡조가 퍼졌습니다. "레썸 삐리리– 레썸 삐리리– 올레리정키– 다라마 번창– 레썸 삐리리" 멜로디는 희망과 기쁨을 주는 흥겨운 노래입니다. '레썸'은 비단, '삐리리'는 흔든다는 뜻으로, 의역하면 '손수건 흔들며'입니다. 한국의 아리랑과 같은 민속음악입니다.

남체바자 3,443m – 팡보체 5시간

남체바자를 벗어나면 에베레스트 고산 트레일로 이어집니다. 맑고 파란 하늘이 가슴을 설레게 하는 가운데, 사가르마타 공원 입구를 지나고 동쪽 계곡 초이강의 고갯마루를 지나 완만한 능선을 따라 걷다가 원정대의 짐을 나르는 야크행진을 만났습니다. 등에 멘 짐이 무거워서 혓바닥을 늘어뜨리고 헐떡거리는 모습이 안쓰럽습니다. 야크의 발걸음은 천근만근, 죽지 못해 무거운 짐을 나르는 것만 같습니다.

오르막길을 오르고 또 오르니 길가에 마니단이 보입니다. 마니단이란 돌무더기를 쌓아 놓은 것으로, 티베트인들이 생활의 안녕을 빌기 위해 오가면서 하나씩 쌓아 올린 돌 피라미드입니다. 우리나라의 성황당과 같습니다.

마니단을 지나 한 일본인을 만났는데, 그는 고소증에 걸려 사경을 헤매고 있었습니다. 고소증 증세가 나타나면, 반드시 저지대로 내려가야 합니다. 그 일본인은 머리가 아프고 토할 것 같은 증세가 있다며 결국 하산을 합니다. 에베레스트 트레일에서는 음식도 천천히 먹고 걸음도 천천히 걸어야 합니다. 고산병을 예방하는 지침입니다.

앞서가는 포터는 루크라를 떠날 때부터 라마교의 불경을 외우느라 연신 입을 중얼거립니다. 개울을 건너고 숲 속의 가파른 풍기뎅가 언덕을 오릅니다. 에베레스트 트레일에서 2번째 만나는 가파른 언덕길로, 가파른 오르막 킥백 트레일 주변에는 네팔의 국조 다페가 서식하고 있습니다. 칠면조와 비슷한 종류의 새입니다. 고갯마루에 올라가니 아마다블람이 6,856m 코앞에 보이며, 에베레스트 8,848m, 로체 8,414m, 눕체 7,881m의 머리 부분이 보입니다.

허물어질 것 같은 집 앞으로 어린애가 갓난애를 업고 지나갑니다. 등에 업힌 아기는 크게 입을 벌린 채 잠들어 있습니다. 오두막 4~5채 중 첫째 집 입구에 가격표가 적혀 있는데, 하루에 30루피, 한화로 대략 700~800원 정도입니다. 이곳은 8~9명이 사는 마을로, 트레커들이 없는 날이면 빈 마을이나 다름없습니다.

저녁시간 식당은 부엌에서 나는 연기로 코가 맵고 눈앞이 침침합니다. 유달리 비위가 약한 나는 야크 냄새에 속이 울렁거렸습니다. 서둘러 밖으로 나와 집 주변을 한 바퀴 돌다가, 야크 배설물을 피자 형태의 크기로 만들어 돌담에 건조시키는 아낙네를 보았습니다. 배설물을 어디에 사용하느냐고 포터에게 물었더니, 연료로 사용한다고 합니다. 야크는 고산지대의 교통수단이자, 우유나 버터 치스를 제공하는 유용한 동물입니다. 히말라야 고산 사람들에게 없어서는 안 될 귀중한 보물같은 동물인 셈입니다.

오늘도 달, 감자, 네팔 전통 음식입니다. 식사 후 야크 초롱불을 끄고 잠을 청했지만 잠이 오지 않습니다. 고소병으로 하산하는 일본 트레커가 무사히 하산을 하였을지 걱정되는 마음이 생각을 스칩니다.

팡보체 3,930m — 딩보체 4,410m — 추쿵 4,730m
— 페리체 4,240m 8시간

숲과 개울을 건너 완만한 언덕길로 올라서니 아마다블람 6,856m 명산이 위용을 자랑합니다. 주봉 우측으로 마카루, 옴버가이첸, 밍보라, 마란푸랑, 캉태가, 탐세르쿠 산봉이 아마다블람 산군에 묶여 있습니다. '아마'는 여신, '다블람'은 보석이란 뜻입니다. 아마다블람은 에베레스트를 보호하는 수호산으로, 치켜든 머리 모습을 약간 수그리면 스위스 마테호른 4,478m와 비슷합니다. 아마다블람은 세계3대 명산이며, 1961년 3월 뉴질랜드 산악인이 초등을 하였습니다.

우측으로 아마다블람 명산을 바라보며 완만한 능선길을 걷다 갈림길에 섰습니다. 팡보체에서 2시간 반 거리입니다. 이곳에서 왼쪽은 페리체, 오른쪽은 딩보체로 4,350m 가는 트레일입니다. 조그마한 나무다리를 건너 오른쪽 트레일로 20여 분 걸어 딩보체에서 숨을 돌렸습니다. 딩보체에는 2채의 집이 있습니다. 팡보체에서 6㎞ 거리이며 3시간이 걸립니다.

간단한 차림으로 추궁을 둘러보기 위해 떠납니다. 추궁으로 가는 길에는 소복이 쌓인 눈이 발목까지 닿았습니다. 얼굴을 스치는 매서운 칼바람을 맞으며 하얀 눈 위로 포터가 지나간 발자국을 따라 한발 한발 옮깁니다. 걸어온 발자국을 뒤돌아보니 하얀 눈 위에 점들로 나열되어 있습니다. 뽀도록! 뽀드륵! 추궁의 만년설은 아픔을 호소하였지만 나는 유년시절 앞마당에 내린 첫눈을 밟는 것처럼 즐거웠습니다. 그러다 문득 눈이 살아 있다는 생각에, 셸파의 발자국에 죽은 눈만 밟았습니다.

눈길을 2시간 정도 한발 한발 옮기니 체력의 한계에 다다랐습니다. 딩보체에서 4㎞ 정도의 거리입니다. 이제 더 이상 갈 수도 없습니다. 세상과는 완전히 단절된 느낌이 드니, 신비한 설국에 여행 온 기분입니다.

추궁의 빙벽은 웅장한 아이스 피크로 끝없이 연결되어 있습니다. 청량한 공기, 파란 하늘, 하얀 들판. 그야말로 꿈결 같은 별천지입니다.

매일매일 주위의 명산들을 마음의 카메라에 담고 있노라면 자연의 아름다움에 감탄사만 연발할 뿐입니다.

딩보체를 떠나 페르체로 가는 가파른 오르막을 오르고 또 오르는 트레일로, 세 번째로 만나는 가파른 킥백 트레일입니다. 능선 꼭대기에는 산 사람들의 염원을 담은 타르초가 바람에 휘날리고, 주위에는 온통 구름도 넘지 못할 것 같은 높은 설산만 보입니다. 마칼루, 아마다블람을 비롯하여 이름 모를 설봉들이 병풍같이 둘려 있습니다.

다시 길을 재촉하여 가파른 킥백 내리막 트레일로 내려가니 돌담집 2채가 버티고 있습니다. 딩보체에서 4㎞ 거리이며 2시간 정도 걸립니다. 이곳에는 일본 동경 의과대학에서 연구 목적으로 지은 연구소가 있습니다. 조그마한 움막집으로, HRA(Himalayan Rescue Association)에서 관리하며 관광시즌에는 2명이 상주한다고 합니다.

페리체 롯지 합동숙소에는 야크 배설물 냄새가 지겹게 풍기지만, 높고 깊은 산골에 이만한 잠자리를 또 어디서 찾겠습니까? 바깥 온도나 방 안 온도나 크게 다를 바 없지만 바람과 눈을 막아 주니 고마울 따름입니다.

페르체에서 바라본 밤하늘은 수정같이 빛나는 별들로 가득 넘쳤습니다. 도시에서는 불빛으로 보지 못하던 색다른 밤하늘을 마주하니 가슴이 행복감으로 차올랐습니다. 침낭 속에서 야크 분비물 냄새에 찌들어 잠이 들었는데, 아침에 일어나니 아무렇지도 않습니다. 내 코가 밤새 야크 분비물에 취해 버렸나 봅니다.

페리체 4,240m — 로부체 4,910m 5시간

페리체 롯지에 눈부신 에베레스트 햇살의 열기가 문틈으로 끼어들었습니다. 방한복을 입었어도 밤새 추워 새우잠을 잤습니다. 세수를 한 지도 며칠이 지났습니다. 발냄새, 땀냄새 하며, 째째한 수염, 기름기가 반들한 머리카락까지……. 영락없는 60년대 청계천 거지 모습입니다.

치아, 야크 우유로 만든 뜨끈한 티 한 잔을 마시는 동안 셀파 이야기가 화제가 되었습니다. 셀파는 히말라야 원정대를 위해 살아가는 특별한 사람들입니다. 셀파는 원정대원보다 먼저 올라가 로프를 깔아 주기 때문에 등반 대원들보다 죽을 확률이 매우 높다고 합니다. 만일 셀파가 없다면 히말라야 등반의 역사는 다시 써야 한다고 합니다. 무거운 원정 장비를 짊어지고 정상으로 오르는 길을 개척하며 가이드하는 그들의 이름은 정상 정복자에 비하면 영광의 그림자 역할에 지나칠 뿐이라고 한 트레커가 역설적으로 말합니다.

셀파족은 양과 야크를 키우는 소수민족으로, 유목생활을 합니다. 셀파가 되려면 네팔 등산협회에서 운영하는 교육을 받고 '고산원정 가이드'란 자격증을 받아야 합니다. 고산에서 함께 생명을 담보로 서로 밧줄을 묶고, 목숨이 달린 정상을 오르는 데는 서로의 신뢰가 먼저이나 때로는 금전과 연결되기도 합니다.

페리체를 출발허여 숨을 깔딱거리며 2시간 정도 걷다 그만 주저앉고 말았습니다. 머리도 다리도 뻐걱거립니다. 특히나 가파른 언덕길을 오

136

를 땐 가슴이 타들어가는 느낌입니다. 포터도 주저앉았습니다. 걷다 쉬고, 주저앉음에도 포기하지 않고 올라가니, 나즈막한 돌집 한 채가 버티고 있습니다. 에베레스트 원정대 트레일에서 사람이 사는 마지막 집인 '로부체'입니다.

로부체 4,910m — 고락셉 5,140m — 칼라파타르 5,545m — 에베레스트 BC 5,365m — 로부체 10시간

새벽3시, 포터와 함께 헤드랜턴으로 어둠을 헤치며 칼라파타르로 향합니다. 불빛에 의지하지 않고는 한 치 앞도 볼 수가 없습니다. 바윗길을 2시간 30분 넘게 올라 고락셉의 오두막 셸터에서 잠시 숨을 골랐습니다. 이곳은 관광철에는 사람이 살지만, 비수기에는 빈집입니다.

험하고 가파른 푸모리 능선을 타고 칼라파타르 능선을 오르는 동안 헤드랜턴 불빛만이 살아 움직입니다. 가파른 돌산 능선의 대기온도는 냉동기 같아, 소리도 얼어붙을 것 같습니다. 숨조차 멈출 듯한 차가운 날씨, 가파른 바위산길 발아래로 저 멀리 히말라야의 고산 줄기들이 사방으로 끝없이 펼쳐져 있습니다.

근육이 긴장되어 걸음도 느리고 휘청거립니다. 얼마나 걸었는지 얼마나 남았는지도 가늠할 수 없습니다. 고도가 높아질수록 걸음도, 숨쉬기도, 생각도 느려집니다. 가파른 산 중턱에서 한발 내딛고 5분을 쉬고, 또 한발 내딛고 10분을 쉬기를 반복했습니다.

'이토록 어렵게 한 발씩 옮겨 가는 것이 인생이구나!'

드디어 손을 뻗으면 하늘이 닿을 듯한 곳에 올랐습니다. 고락셉에서 2㎞의 거리를 2시간에 거쳐 오르자, 에베레스트, 로체, 눕체, 푸모리, 마카루 산봉이 머리를 내밀고 반깁니다. 냉장고보다 차가운 공기에 사진기도 응살을 부리는지, 아무리 셔터를 눌러도 배터리가 제대로 작동하지 않습니다. 사진기를 옷 속에 넣고 녹인 후에 찍어 보지만, 셔터 터지는 소리가 영 신통치 않습니다.

아침 6시경 밝아 오는 아침 햇살에 에베레스트 정상이 시야에 들어왔습니다. 눈앞에 보이는 에베레스트를 보는 즐거움에 감탄사가 절로 나왔습니다. 감동이 벅차 뛰는 가슴도 멈출 것 같습니다. 이곳에서 내려다보면 많은 것이 보일 줄 알았는데, 사방으로 검은 바윗돌과 송곳처럼 뾰쪽한 바위만 보입니다. 몇 만 년을 지탱해 온 큰 바위들은 기기괴괴한 형상으로 널려 있고, 주변의 험상궂은 바위는 사방을 압도하는 침묵 속에 깊이 빠졌습니다. 살아 움직이는 것은 먼발치 아래에서 움직이는 구름밖에 없습니다.

동쪽으로 로체, 눕체, 에베레스트, 남쪽으로 아마다브람, 마카루 산군, 북면으로 링츠렌 피크, 푸모리 피크, 쿰부체, 창체 피크가 펼쳐져 있습니다. 그리고 이름 모를 히말라야의 하얀 산줄기가 끝없이 펼쳐집니다. 에베레스트 베이스 캠프가 발아래 가깝게 보입니다.

이곳은 오르막이나 내리막이나 힘들긴 마찬가지입니다. 고락셉으로 내려가는 길은 1시간 20분 정도 걸립니다. 주인 없는 고락셉 롯지에서

냉장고 바람을 피하며 숨을 고른 후, 에베레스트 베이스 캠프로 이동합니다. 오늘은 캠프에서 한국 등반대를 만나는 날입니다.

바윗길 트레일은 빙하계곡으로 연결되어 있습니다. 계곡의 가장자리 언덕 사태지에서 가끔 돌이 흘러내리기 때문에 안전을 위해 거리를 확보한 상태로 걷습니다. 바위와 빙퇴석을 오르는 길은 거칠지만 마음만은 행복합니다. 칼라파타르에서 EBC를 보았을 때는 분명 가까워 보였건만 걸어도 걸어도 끝이 없습니다. 지금 내가 걷고 있는 이 길은 해발 5,200m로, 장엄한 풍경이 숨어 있습니다. 경이로운 대자연, 시공을 초월한 자연 속으로 깊숙이 들어와 있는 것입니다. 손끝이 짜릿거리며 마비가 왔습니다. 숨이 차 힘없이 늘어진 손으로 물 한 모금을 마셨습니다. 보온병 물이 마치 얼음물 같습니다.

드디어 고락셉을 출발한 지 2시간 20여 분 만에 에베레스트 베이스 캠프에 도착하였습니다. 그리고 바로 앞에 또 다른 세상이 기다리고 있었습니다.

베이스 캠프

베이스캠프 주변의 큰돌 사이로 옹기종기 모여 있는 지구촌 등반대원들의 캠프가 보입니다. 메마른 빙하 개천에 설치된 텐트 가장자리에는 빙하가 녹다 남은 빙탑이 톱날같이 웅크리고 있습니다. 쿰부빙하는 북면 계곡을 얼음 바다로 채웠습니다. 그리고 그 계곡 위로 이름 모를 빙산이 첩첩이 쌓였습니다. 거센 칼바람이 계곡을 휘감고 지나가면 텐트 줄이 마치 거문고 줄을 튕길 때 나는 듯한 굉음을 냅니다. 이윽고 바람이 잠잠해지자, 계곡은 일순간 정적에 싸입니다. 대자연의 생명을 마음껏 느꼈던 하루입니다.

87~88동계 에베레스트 등정 성공

허영호 대원의 성공은 마치 내년 88서울 올림픽에서 네팔팀의 성공을 예시(豫示)하는 듯하여 더욱 반가웠습니다. 이번 한국의 에베레스트 겨울등반 성공은 세계에서 2번째입니다. 열악한 장비로 인간의 한계를 극복한 허영호(등정 성공), 함탁영(등반대장), 김일권(등정팀 대장), 최종열(등반대원)과 함께 곧 허물어질 것만 같은 로부체 롯지에서 성공 파티를 하였습니다. 파티라고 해야 초콜릿, 치즈, 라면, 김치, 인스턴트 커피가 다였지만, 살아 돌아왔다는 기쁨으로 가득했습니다. 대원들은 커피잔으로 건배를 하며 밤새 이야기 보따리를 풀었습니다.

세월이 많이 흘러간 지금까지도 그 당시 한국 등반대와 같이하였던 추억은 멋진 도전으로 가슴속 깊이 간직하고 있습니다.

로부체 ─ 팡보체 ─ 에베레스트 뷰 호텔 7시간

에베레스트의 눈부신 아침 햇살을 받으니, 에베레스트의 에너지가 몸속으로 파고들었습니다. 두 손을 벌리고 눈을 감으니 향수처럼 밀려드는 느낌이 좋아, 온몸으로 감촉을 느껴 봅니다. 일행은 로부체 롯지 앞에서 추억의 사진을 남겼습니다.

늦은 시간 텡보체의 에베레스트 뷰 호텔에서 보름만에 목욕을 하였습니다. 미지근한 물이지만 그 상쾌함은 말로 다 표현할 수 없습니다. 세상에 태어나 가장 행복했던 목욕이라고 해도 과언이 아닐 정도였습니다. 음식 맛도, 맥주 맛도 삶의 행복을 되새김질해 주었습니다. 우리는 맥주잔을 비우며 뇌의 제어장치를 홀딱 다 벗어 버린 채 행복한 망년회를 가졌습니다.

에베레스트 뷰호텔은 모든 방에서 에베레스트를 바라볼 수 있게 설계되었습니다. 특히 자연적으로 햇볕이 잘 들게 설계하였습니다. 일본인이 설계·시공·투자한 호텔로, 초기에는 카트만두에서 경비행기가 운행되었으나 어떤 연유인지 네팔 정부로부터 경비행장 사용불가 통지를 받았다고 합니다. 그리하여 당시에는 등산객이 사용하는 고급 롯지로 둔갑한 상태였습니다.

이른 아침, 창문을 통해 쏟아져 들어오는 강렬한 햇빛을 한 몸에 받으며 다짐하였습니다. 88 서울 올림픽에서 네팔 체육사의 첫 장을 장밋빛으로 장식해 보자! 어쩐지 앞으로의 삶에 큰 행운이 올 것이란 예감이 온몸을 휘감았습니다. 희망과 용기를 찾게 해 준 산행! 88 한국 동계 에베레스트 원정팀 모두에게 감사드립니다.

한국 에베레스트 원정대가 카트만두에 도착하자, 네팔 올림픽 위원장께서 한국 대사관 직원과 카트만두 한국인을 위한 환영만찬을 베풀어 주었습니다. 내가 에베레스트 팀과 함께한 소식을 접한 네팔 올림픽 위원장이 주선한 만찬장이었습니다. 술잔을 기울이다 밴드와 음악

Signatures of the member of the Korean Everest Expedition. which

이 잠시 멈추고 올림픽 위원장 샤하 씨가 말문을 열었습니다.

"한국 에베레스트 원정팀! 그리고 신구루! 당신들의 에베레스트 등정 성공을 축하합니다."

그러자 한국 대사도 답례를 하였습니다.

"허영호 등정자를 위하여!"

밤이 깊도록 축하잔을 기울였습니다. 2002년 네팔 혁명시 그의 주택은 시위대의 습격으로 전소하였으며, 싱가폴로 옮겼다가 차기 국왕의 최고 자문으로 활동하셨습니다.

고고루트,
에베레스트 트래킹
- 동부 네팔

 2015년 늦가을, 쿰부히말 - 에베레스트 순환 트래킹을 떠났습니다. 정확히 29년만에 다시 찾은 에베레스트입니다. 카트만두에서 40분 거리에 위치한 루크라 비행장은 텐징 - 힐러리 비행장으로 개칭되었고, 주변은 새롭게 단장되었습니다.

 루크라 공항 가까운 곳에서 국립공원 관리소의 간단한 입산허가 신고를 마치고 트래킹이 시작되었습니다. 마을을 관통하는 트레커들의 거리는 시장터처럼 번화하고 활기찹니다. 소의 일종인 쪽뻬, 당나귀, 건설자재를 운반하는 노동자, 트레커, 포터가 트레일을 가득 채웠습니다. 무거운 건설자재를 운반하는 노동자가 마치 형벌을 받는 것 같이 느껴졌고, 교통운송 수단으로 사용하는 쪽뻬나 당나귀도 안쓰럽긴 마찬가지입니다. 선진국에서는 동물 학대죄로 큰코다칠 것 같으나 이곳에서는 그저 사치스러운 표현일 뿐입니다.

타루코시 70m 출렁다리를 건넙니다. 출렁다리에는 쪽빼, 당나귀에게 우선권이 주어집니다. 루크라에서 1시간 반 거리입니다. 우측 계곡 위로 거미줄 같이 얽힌 쿠슘캉 설산의 얼음빙벽은 햇빛을 받아 보석같이 빛납니다. 체플링이라는 마을에 아름다운 석조건물이 이색적이라 들어갔습니다. 탐세르쿠 트래킹 회사에서 운영하는 호텔로 꽹장히 아담했는데, 숙박비는 라스베이가스 고급 호텔보다 뜨겁습니다.

80년대 포터들의 쉼터였던 바위동굴 야영지가 있는 '가트라' 마을에는 큰 바위 전체가 라마 경전으로 치장되어 있습니다. 라마사원을 지나 가파른 내리막 계곡 건너편이 팍딩마을입니다. 쿠드코시 강을 건너는 80m 밴코르 출렁 다리는 팍딩의 대표적인 건축 양식입니다. 루크라에서 3시간 거리인 팍딩 2,610m에서 여장을 풀었습니다.

그리고 다음 날, 팍딩을 떠나 2번째 검문소를 지나고 강변을 거슬러 올라 팍딩과 남체의 중간 지점에 도달하였습니다. 두드코시 강과 보테코시 강이 합류하는 60m 쌍둥이 라브자 출렁다리가 인상적입니다. 네팔인들에게는 샌프란시스코의 금문교와 같은 상징적인 건축물로, 파리에 에펠탑이 유명하다면 에베레스트에는 쌍둥이 출렁다리가 있습니다. 이 쌍둥이 다리를 건너야 셀파들의 고향으로 입성할 수 있습니다.

에베레스트 트레일에서 첫 번째 가파른 백킥 트레일이 이어집니다. 소나무 숲을 오르다 간이 화장실이 있는 전망대에서 에베레스트와 탐세르쿠가 고개를 내밉니다. 전망대에서 숨을 고르고 30분 정도 걸으면

3번째 경찰 검문소에 당도합니다. 국립공원 입산 허가를 마치고 20여 분 오르면, 셀파들의 고향인 남체바자가 있습니다. 팍딩에서 출발하여 5시간 거리입니다.

남체바자는 에베레스트, 쿰부히말 트래킹의 전초기지입니다. 동쪽으로 탐세르쿠와 캉데가, 서쪽으로 꽁데 설산이 마을 수호신 같이 버티고 있습니다. 이곳은 에베레스트, 쿰부히말의 트래킹 시작점이자 마지막 점입니다.

그런데 80년대 보았던 남체바자는 이제 산악 도시로 변모하였습니다. 우체국, 깨끗한 음식점, 숙박업소, 보건소가 있을 뿐만 아니라, 국제전화도 가능하며, 와이파이도 터지고, 긴급후송 헬기장도 있습니다. 80년대 셀파마을의 향수는 찾아볼 수 없었으나 이젠 새로운 향기가 풍겼습니다. 2006년 민중들의 민주화 요구에 네팔왕정 200년 역사가 종지부를 찍으면서 남체바자에도 변화의 바람이 분 것입니다.

남체바자 3,440m — 장중마 3,550m — 몽라 4,080m
— 포르체텡가 3,689m   5시간 30분

이른 아침 꽁데 4,250m, 탐세르크 6,618m, 설산이 아침 햇볕을 받아 붉게 물든 가운데 엷은 안개가 남체마을을 휘감았습니다. 이른 아침부터 무거운 돌을 등짐으로 운반하는 현지인들의 얼굴에는 고통이 서려 있습니다.

남체마을 뒷산 완만한 트레일로 본격적인 에베레스트 트래킹을 시작합니다. 남체, 장중마, 몽라, 포르체텡가, 돌레, 마체르모, 고교, 고교피크, 제5호수 그리고 당락으로 내려와 촐라패스를 넘어 종라, 로부체, 칼라파타르, EBC, 페리체를 거쳐 남체로 돌아오는 일정입니다. 도중에 일기가 급변하면 2~3일 일정이 변경될 수도 있습니다.

　　트레커들은 전쟁터로 나가듯 긴장하지만 표정만큼은 밝습니다. 계곡 위로 머리만 보이는 에베레스트 주변의 경이로운 설산 풍경을 보며 남체에서 소나사 마을로 이동합니다. 트레일은 잘 다듬어져 있으며 대체로 완만하게 이어집니다. 계곡 아래로 긴급후송 헬기가 굉음을 날리며 지나갑니다. 고산병 환자나 긴급을 요하는 부상자들을 후송하는 헬기입니다.

　　남체에서 2시간 거리인 소나사 마을의 롯지에는 계곡 건너편에 아마다블람 명산이 있습니다. 대부분의 트레커들은 이곳에서 숨을 돌리며 사진을 담느라 분주합니다. 소나사를 지나 10여 분 걸으면 장중마 마을에 두 갈래 갈림길이 나옵니다. 동쪽은 에베레스트 트레일, 북쪽은 고교 트레일입니다. 고교 트레일에서는 초유 8,201m, 갸충강 7,952m, 고중바캉 7,806m, 쿰부 최고의 고줌바 빙하를 볼 수 있습니다.

　　장중마 마을에서 고교로 이어지는 가파른 트레일은 초입부터 힘들긴 하지만, 아마다블람 명산을 바라볼 수 있는 전망입니다. 포르체 피크, 에베레스트, 로체, 아마다블람설산을 와이드 렌즈로 담을 수 있습니다. 에베레스트에서 남방으로 5㎞ 거리에 위치한 아마다블람, 마카루,

147

포르체 피크, 쿠슘캉, 탐세르크 전경은 한 폭의 그림과도 같습니다.

남체에서 4시간 거리에 위치한 몽라 마을은 초르텐 불탑과 4~5곳의 롯지가 있으며 아마다블람 6,856m 전망이 좋은 곳입니다. 소나사 마을보다 위치도 높고 남체바자의 서쪽 꽁데 설산 조망도 아름답게 보입니다. 몽라 북방의 깊은 계곡 위로 30~40채의 포르체 마을이 보이며, 그 뒤로 포르체 피크 설산 전망이 위용을 자랑합니다.

몽라에서 계곡 밑으로 이러지는 킥백 트레일은 체중이 앞으로 쏠려 스틱은 필수입니다. 대부분의 트레커들은 고저적응이 안 되어 몽라보다 고도가 400m 낮은 포르체 텡가에서 피로를 내려놓습니다. 몽라에서 포르체텡가는 1시간 거리이며, 남체바자에서는 5시간 거리입니다.

포르체텡가 3,680m — 돌레 5,761m — 마체르모 4,470m
6시간 30분

서로의 언어는 달라도 모두가 하나가 되는 시간이 있습니다. 바로 식사 시간입니다. 잘 익힌 감자에 소금과 고추가루를 뿌린 셀파 음식으로 끼니를 때웁니다. 감자가루와 메밀을 섞은 팬 케이크도 일미입니다. 샥파 수프도 나오는데, 감자로 만들었습니다.

네팔의 산골 집은 대부분 2층 구조로, 외양간으로서 가축용으로 사용되는 아래층은 농기구와 땔감으로 채워집니다. 진흙과 돌을 쌓고 그 위로 쇠가래를 올려 판자를 깔아 만든 이 집은 바람에 날아가지 못하도록 지붕 위에 넓적한 돌인 석판을 올려놓은 형태입니다.

앞서가던 포터가 계곡 위에서 휘날리는 타르초를 바라보며 "라 쏘로 · 치치쏘소"라고 주문을 외우듯 말합니다. "신이여, 우리를 보살펴 주십시오." 하는 기원의 기도입니다. 2015년 4월 지진으로 허물어진 경찰 검문소를 지나 아름다운 폭포를 건너뛰면 돌레 마을입니다. 포르체텡가에서 3시간 반 거리입니다. 돌레마을 동남쪽은 캉테카와 탐세르쿠 설산이 주변을 감싸 안은 듯한 풍경입니다.

돌레에서 마르체모로 이어지는 트레일은 험준한 계곡 능선을 오르고 내리는 아찔한 트레일입니다. 마르체모 마을 입구 고개에서 바라보는 세계 6위를 자랑하는 초유설산은 유난히도 아름답습니다. 계곡 아래 아담한 개천을 끼고 있는 마르체모는 돌레에서 3시간 거리입니다.

마체르모 4,470m − 고쿄 4,738m − 고쿄피크 5,380m
−고쿄 8시간

높이 오를수록 트레일은 험준해집니다. 롯지 하나가 외롭게 버티고 있는 팡카라는 곳에서 잠시 쉬었습니다. 팡카에서 4,480m 한 시간 정도 가파른 돌계단을 올라 개울을 건너면, 좌측으로 고쿄의 첫 번째 '롱폰바' 호수를 만납니다. 호수라기보다는 깨끗하고 넓은 개울입니다.

이곳에서 반 시간 정도 바윗길을 지나면, 우측으로 빙퇴석 트레일이 나옵니다. 당락을 거쳐 촐라패스 5,420m로 이어지는 트레일입니다.

활짝 트인 능선 사이로 쿰부히말의 초유 8,201m 설산과 고줌바 빙하가 눈앞에 펼쳐집니다. 그리고 가까운 곳에 고교 계곡과 고교피크 5,380m, 탐세르크 6,618m, 캉테가 6,783m, 히말의 설산들이 앞뒤로 고개를 내밉니다. 계속해서 반 시간 정도 바윗길을 지나면, 2번째 호수인 '타우중' 호수에 이릅니다. 그리고 그곳에서 1시간 거리에 3번째 호수 '두드 포카리'가 4,728m 좌측으로 보입니다. 이곳에서는 초유 설산과 고교마을, 고교피크도 보이며 고줌바캉 산군이 정면으로 보입니다. 마체르모에서 4시간 거리입니다.

'고교 마을에는 어떤 사람이 살고 있을까? 롯지는 어떤 형태일까? 어떤 트레커들을 만날까?'

설레는 마음으로 발걸음을 서둘러 옮깁니다. 마을 위쪽에 위치한 고교 리조트에 숙소를 정한 후, 호수 깊이 43m, 호수 북편 징검다리를 건너 가파른 킥백 트레일을 올라 고교피크로 이동합니다. 고교 피크에 오르면 고줌바캉 빙하, 초유, 가충캉, 에베레스트, 촐라체, 타워체, 캉테카, 탐세르크 설산이 파노라마로 펼쳐집니다.

고교피크 주변은 원시적인 자연환경입니다. 고교 마을 앞의 제3호수는 삼각형으로 보이며 제3호수 위로 렌조패스가 하얀 장막 속에 갇혀 있습니다. 삭막한 에베레스트 대지는 고줌바캉 빙하 계곡 뒤로 장엄하게 버티고 있습니다. 에베레스트 우측으로 로체 8,511m, 눕체 7,879m, 그 남방으로 마카루 8,463m도 보입니다. 가깝게는 고교마을 호수 건너로 캉테카 6,783m, 탐세르쿠 6,618m를 비롯하여 이름 없는 설산들이 하늘 높이 우뚝우뚝 솟아 있습니다.

롯지에서 한국인 트레커를 만났습니다. 그들에게서 2008년 에베레스트 실버 원정대 부대장 김상홍 박사의 등정 성공 이야기를 듣는 것만으로도 흥겨웠습니다. 서로의 취향도 비슷하여 대화 속에 피로도 풀렸습니다. 에베레스트에서 같은 추억을 쌓았던 친구로 기억하렵니다.

고교 4,738m — 렌조패스 5,417m 왕복 5시간

고교롯지에는 대부분 30~40대의 전문 트레커들로 렌조패스와 촐라패스를 넘어 에베레스트로 가는 트레커입니다. 흔들림 없는 그들의 눈빛에는 열정이 녹아 있습니다. 고교에서 3시간 거리인 렌조패스로 이동합니다. 렌조패스는 쿰부히말에서 촐라패스와 깔라파타보다 히말라야의 조망을 넓게 볼 수 있는 곳입니다.

제3호수 북방 징검다리를 건너뛰어 고교피크로 오르는 산허리를 감고 돌아갑니다. 호수 서북면 끝 지점에서 가파른 트레일로 접어들었습니다. 가파른 트레일은 바위 부스러기가 많아 미끄러지기 쉬운 곳입니다. 가쁘고 거친 숨을 토하고 멈추기를 수없이 거듭하며 오릅니다. 발끝에서 느껴지는 피로함, 한 발자국 오르는 것이 이렇게 힘든지! 트레일 중간 가파른 바위에서 올라왔던 트레일을 바라보니, 호수를 품고 있는 고교가 마치 영화 속의 동화마을 같습니다.

쿰부히말 끝자락 고갯길 렌조패스, 짐작조차 할 수 없었던 새로운 세

상 풍경! 동편으로 펼쳐지는 고교피크, 고교마을, 호수, 고줌바 빙하 저편으로 치솟은 고봉들을 비롯하여, 에베레스트, 눕체, 로체, 마카루 까지, 자연의 신비롭고 경이로운 전망이 펼쳐졌습니다. 신이 만든 대

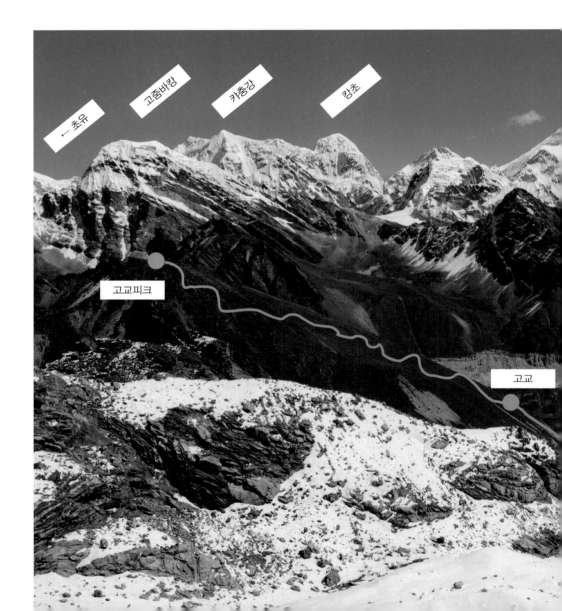

자연은 표현하기조차 어렵습니다. 거대한 자연의 찬란함, 그리고 산을 오르는 도전 끝에 느끼는 즐거움! 새로운 모험의 향기가 내 가슴 한구석을 밝혀 줍니다.

에베레스트 · 눕체 · 로체 · 마카루 · 촐라패스 · 당락 · 제3호수 · 렌조패스에서 본 쿰부히말 · 렌조패스

고교 4,738m – 제4호수 4,834m – 제5호수 4,990m
– 초유 BC 트레일 5,300m – 제4호수 야영 7시간

　고교에서 가이드를 따라 트레일도 없는 곳을 1시간 50분 정도 오르면, 수심 62m에 이르는 4번째 호수 '도낙초(Thonak Tso)'가 나옵니다. 호수 북쪽으로 나즈막한 이름 없는 봉우리는 높지는 않지만 너비는 고교 피크 정도에 달합니다. 호숫물은 깊이가 빚어낸 탓인지, 천사의 숨결이 담긴 듯 짙푸르고 투명하며 영롱합니다.

　호수 가까운 곳에 텐트를 치고 바위틈 사이로 이어지는 제5호수 트레일로 이동합니다. 밤새 내린 하얀 눈 때문에 가이드도 방향을 잡지 못합니다. 트레일 동쪽 고줌바 빙하 주변의 설봉들이 각기 다른 형태로 뽐내는 가운데 넓은 쿰부 빙하계곡에는 적막이 흐릅니다.

　북쪽 계곡을 따라 오르니 다섯 번째 호수가 나옵니다. 제4호수에서 1시간 40분 거리이며, 고교에서 3시간 30분 거리입니다. 초유, 고줌바캉, 갸충을 연결하는 부채살 모양의 얽힌 설산이 웅장한 모습으로 바로 코앞에 다가옵니다. 티베트와 접경을 이루는 초유 8,201m, 갸충캉 7,952m의 연봉이 구름 사이로 빼꼼 얼굴만 내밉니다. 주변의 전경은 고줌바 빙하와 가우나라 빙하 그리고 이름모를 설봉으로 둘러 싸였습니다. 에베레스트 서북면이 19㎞ 거리에 넓게 보이는 곳입니다.

　제5호수 고줌파초 (Ngozumpa Tso) 동쪽의 돌더미 바위 정상으로 이동합니다. 눈으로 휩싸인 큰돌 틈으로 발이 빠져 곤욕을 치르며 높은 곳

으로 올라갔습니다.

"우-와-아!"

아이스맥스 영화 장면보다 더 날카롭고 웅장한 초유와 갸충강 사이
의 빙벽에 감탄사가 절로 나옵니다. 고줌파 빙하계곡 저편으로 장엄한
에베레스트 서북면 전경이 보입니다. 고교 피크에서도 에베레스트를

니레카 피크

캉충 피크

촐로 피크

마가루

탐세르쿠

← 가우나라 빙하

← 에베레스트

당락

렌조패스

고교

제4호수

고줌바 빙하

← 초유

제5호수

초유 BC 트레일에서 본 쿰부히말 전경

볼 수 있으나 이곳에서는 에베레스트 북서면이 넓게 보입니다. 에베레스트의 사우스 콜이 햇빛을 받아 시야에 선명하게 들어옵니다. 이곳은 쿰부지역 전체를 통해 로체와 에베레스트를 가장 잘 볼 수 있는 곳이기도 합니다.

바위 트레일 사이로 능선을 따라 오르며, 초유 BC 트레일로 이동합니다. 가이드가 앞서 방향을 잡고 가지만 고정 트레일은 아닙니다. 2시간 정도 가파른 능선을 올랐을 때에는 다리가 엇갈리며 근육이 굳는 듯한 느낌을 받았습니다. 더 오르고 싶지만, 아무래도 무리일 것 같습니다. 세상에 이만한 풍광이 또 어디 있을까! 트레일 남방 깊은 계곡 아래 고줌바 빙하가 뻗은 수평선은 구름바다 같습니다.

동쪽 가우나라(Gaunara Glacier) 빙하계곡 입구 위로 치솟은 니레카 6,186m, 캉충피크 6,063m, 촐로 6,089m, 삼각 설봉이 마치 이집트 제4왕조 파라오인 쿠프의 피라미드와 그의 아들, 손자, 피라미드 같습니다. 천상의 조화를 이룬 설경에 감동되어 평화로움에 심취하였습니다. 색다른 쿰부의 비경을 가슴에 담고 제5호수를 건너뛰어 제4호수에 설치한 텐트로 돌아갑니다.

제4호수 4,834m - 고교 4,738m - 당락 4,700m 4시간

제4호수 야영은 밤새 거센 바람으로 텐트가 날리는 바람에 잠을 설쳤습니다. 게다가 이른 아침 제5호수로 올라가 해 뜨는 에베레스트의

정경을 담으려 하였으나 눈이 내리는 바람에 마음을 접어야 했습니다. 멋진 에베레스트 추억을 하나 더 쌓을 것만 같아 가슴이 벅찼으나, 기대에 부풀있던 야영은 약간의 아쉬움으로 남고 말았습니다.

고교를 거쳐 당락으로 이동합니다. 당락으로 이어지는 트레일은 얼음 빙하가 트레일 중간 중간에 박혀 있어 미끄럽습니다. 특히 눈 속에 덮인 얼음은 오후 이른 시간임에도 구름이 낮게 깔려 잘 보이지 않습니다.

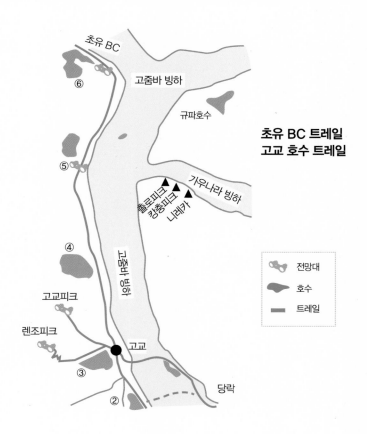

고교에서 당락으로 가는 길은 두 가지가 있습니다. 하나는 고교 뒷동산 가파른 트레일로 30여 분을 오르다 빙하를 건너는 트레일과 또 하나는 제2호수로 내려가 빙하를 가로지르는 길입니다. 이 가운데 첫 번째 트레일이 지름길입니다.

고교에서 당락은 5㎞, 2시간 거리입니다. 5,420m 촐라패스를 넘으려면 충분한 휴식이 필요합니다.

당락 4,700m - 촐라패스 5,420m - 종라 4,830m 11시간

촐라패스 고갯길은 도중에 롯지도 없어 이른 아침부터 서둘러 떠나야 합니다. 트레일 초입은 완만하나 중반에는 급경사로 이어져 그야말로 하늘을 쳐다보고 걷는 길입니다. 가파른 눈길은 몇 걸음만 걸어도 숨이 차고 지칩니다. 가쁜 숨을 수없이 몰아쉬며 당락에서부터 4시간을 걸어 촐라패스가 보이는 구릉까지 올랐습니다. 멈추는 걸음 횟수가 늘어나면서 주저앉아 초유 8,201m, 조보랍찬 6,440m, 타보체 6,367m, 먼산을 바라보며 숨을 가다듬습니다. 마치 무거운 수레를 끌고 가파른 언덕길을 오르듯 힘겹기만 합니다.

중간지점 구릉에서 트레일은 내리막 계곡으로 연결됩니다. 발가락이 앞으로 쏠린데다 눈 덮인 돌을 잘못 밟으면 돌이 움직여 미끄러지기 때문에 신발끈을 바짝 조여야 합니다. 구릉에서 계곡까지는 1시간 거리이며 다시 가파른 오르막길로 연결됩니다. 협곡에서 총알이 날아가듯 '핑' 소

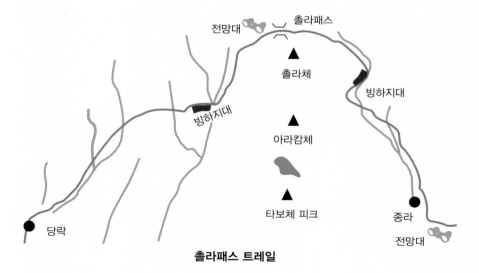

전망대　　　　졸라패스

졸라체

빙하지대

아라캄체

빙하지대

타보체 피크

당락　　　　　　　　　　　종라

전망대

졸라패스 트레일

리가 들리는데, 다름 아닌 돌이 떨어지는 소리입니다. 간헐적으로 들려오는 그 굉음은 칼날 같은 바람 소리와 어루러져 두려움을 자아냅니다.

드디어 촐라패스에 도착했습니다. 포터는 6시간 거리라 하지만, 장장 8시간이 걸렸습니다. 활짝 트인 전망의 촐라패스에서 바라보는 쿰부의 설산전경은 가히 환상적입니다. 로부체 4,910m, 눕체 7,864m, 에베레스트 8,848m, 로체 8,414m, 아마다블람 6,814m, 마카루 8,463m, 따우제 6,542m, 초유 8,201m, 세계10대 고봉 중 무려 4개가 보입니다.

'세상에 이만한 전망대가 또 어디 있을까!'

무언의 감탄사가 터져 나옵니다. 빙하와 설벽, 칼바람, 극한의 자연을 만나는 트레일입니다. 계곡능선 너덜지대의 눈 속에 감춰진 빙하는 상상 외로 미끄럽습니다. 종라는 당락에서 12시간, 촐라패스에서 4시간 거리입니다.

종라 4,830m — 로부체 4,910m — 고락셉 5,140m 7시간

매일 새끼감자 한 알과 달걀 하나, 네팔 수프로 연명합니다. 먹는 것이 부실하니 기운이 없습니다. 일회용 봉지커피도 팽창하여 터지기 일보 직전입니다. 내가 제대로 먹지 못하니 포터도 불안한 눈치입니다. 종라 주변의 풍경은 하늘 아래 아무렇게나 뻗은 하얀 산맥으로 펼쳐집니다. 삐걱거리는 발로 걷고 걸어도 멀리 보이는 산의 거리가 도통 줄

지를 않습니다.

종라 롯지를 출발하여 능선을 돌아가면 뷰 포인트가 나옵니다. 이곳에서는 에베레스트 주변과 아마다블람 전망을 볼 수 있습니다. 아마다블람산 허리에 걸린 구름은 바람으로 걷지만, 나는 의지로 걷습니다. 뷰포인트를 지나 한동안 걷다 보면 갈림길 트레일을 만납니다. 좌편 트레일은 로부체, 우편 트레일은 토클라를 지나 페리체로 이어집니다. 계속 로부체 트레일로 들어서 1시간 정도 거리에 갈림길이 다시 나옵니다. 좌편은 로부체, 우편은 토클라 트레일입니다.

78년 당시 로부체에는 롯지 하나가 있었는데, 4개의 롯지가 새롭게 단장하였습니다. 종라에서 로부체는 4시간 거리입니다.

로부체를 거쳐 고락셉으로 이동합니다. 고락셉 트레일은 바위틈으로 이어지다, 빙하 위에 모래와 바위가 엉켜 있는 모레인 지대에 도달합니다. 로부체에서 한 시간 거리에 있는 쿰부 빙하와 찬그리 빙하가 만나는 곳에서 긴 휴식을 취하였습니다. 그리고 빙하지역을 지나 고락셉의 롯지에 당도하였습니다. 로부체에서 5㎞ 거리이며 2시간 반 거리입니다.

고락셉 5,140m - 칼라파타르 5,550m - 베이스캠프 5,365m
- 고락셉 7시간

이른 아침 칼라파타르를 오르는 트레일 고락셉 남방 빙하계곡 아래로 아마다블람, 마카루 산군이 내려다보이며 북쪽으로 링츠렌 피크

6,700m, 푸모리 피크 7,160m, 쿰부체 피크 6,639m가 머리를 내밉니다. 경이로운 에베레스트! 장엄한 세계의 지붕 앞에 서니, 알 수 없는 설렘에 끌립니다. 거대한 자연, 숯덩이 같이 검은 바위에 걸터앉아 감동을 식혀 봅니다. 에베레스트 정상을 오르는 산악인들, 그리고 죽음을 코앞에 두고 오르는 용기! 그 용기는 어떤 것일까? 그들이 부럽습니다.

칼라파타르에서 EBC로 이동하는 데는 두 가지 루트가 있습니다. 하나는 고락셉으로 내려갔다 EBC 트레일로 가는 것이고, 다른 하나는 칼라파타르 북쪽 트레일로 올라가다 급경사 트레일로 내려가는 것입니다. 첫째는 둘러가는 길이고 둘째는 지름길입니다.

지름길은 3~4곳을 로프를 이용하여 캐니어니어링으로 내려갑니다. 지름길은 1시간 20분 정도 빠릅니다. 베이스 캠프에서 고락셉까지는 거친 빙퇴석으로 5㎞, 2시간 거리입니다.

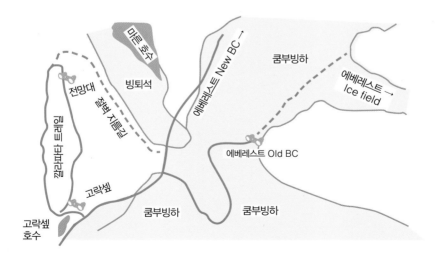

고락셉 롯지에서 거친 밥과 물을 마시고 팔을 베고 누웠습니다. 그리고는 '어떤 그리움이 나를 에베레스트로 오게 하였을까?' 생각해 봅니다. 비록 에베레스트에 오를 수는 없지만, 에베레스트를 바라볼 수 있는 것만으로도 행복합니다. 고락셉의 롯지는 허름한 움막이지만 마음을 같이하는 사람들과 만나는 것만으로도 즐겁습니다.

롯지에서의 밤은 나를 달콤한 꿈속으로 인도합니다. 에베레스트에 또다시 올 수 있을까? 에베레스트에서 걸었던 하루하루는 멋진 추억으로 기억될 것입니다.

고락셉 5,140m — 로부체 4,910m — 딩보체 4,410m
— 추궁 4,730m 7시간

오늘부터는 대부분 내리막 트레일이라 쉬운 여정입니다. 로부체와 페리체 사이 셸파들의 묘지를 건너뛰어 페리체로 이동합니다. 로부체와 토클라 트레일 도중 '초르텐'이라는 불탑을 볼 수 있었습니다. 초르텐은 에베레스트를 등반하다 숨진 셸파들의 돌무덤입니다. 세상의 모든 아픔과 슬픔을 짊어지고 간 사람들입니다. 고단한 그들의 삶에 가슴이 저려, 돌무덤 위에 조약돌 하나를 올려 주었습니다.

페리체에서 마주하는 마카루와 아마다블람 설봉은 종라에서 보는 전경보다 수려합니다. 페리체 마을의 넓은 들판을 지나면 삼거리 이정표가 나옵니다. 고락셉에서 3시간 거리입니다. 좌편 트레일은 딩보체,

우편 트레일은 팡보체로 이어집니다. 팡보체 방향으로 꽁데와 타보체 피크가 보이는 곳입니다.

페리체에서 딩보체와 추궁으로 이어지는 트레일은 완만한 오르막 트레일이지만 힘겹습니다. 좌편으로 로체 남벽을 끼고, 우측으로는 마카루, 아마다블람, 정면으로 아일랜드 피크과 옴비가이창의 절묘한 설벽이 시선을 사로잡습니다. 추궁으로 이어지는 순백의 설경은 피곤함을 잊게 합니다. 그림 같은 눈꽃 설경이 펼쳐지는 추궁 트레일은 한 폭의 수목화 같습니다. 히말라야의 잊지 못할 추억을 만드는 트레일입니다.

로체 남벽을 등지고 있는 추궁에서 하루를 보냈습니다. 1987년 당시에는 한 개의 롯지가 있었는데, 5~6개로 늘었습니다. 롯지 주인에게 1987년 당시 롯지 주인을 물었더니, 카트만두로 갔다고 합니다. 당시 그들의 소원이 카투만두였는데, 그들의 희망사항이 이루어진 것 같습니다. 4,730m 추궁에서 2시간 거리인 아리스랜드 트레일 5,050m 트레일에서는 로부체 피크 6,119m, 눕체 7,861m, 아마다블람 6,856m, 명산을 볼 수 있습니다. 석양에 빛나는 로체남벽을 사진기에 담으려하였으나 안타깝게도 구름이 주변을 가렸습니다.

추궁 4,730m — 추궁 피크 5,550m — 추궁 6시간

추궁의 설경은 알프스의 설경같이 환상적입니다. 이른아침 오스트리아 트레커와 추궁피크로 동행합니다. 능선길을 오르다 기파른 트레일

로 접어들었습니다. 그리고 1시간쯤 걷다 칼리히말 설봉이 펼쳐 보이는 곳에서 휴식을 취하였습니다.

이야기를 나누는 도중에 자연스럽게 한국과 오스트리아 산악인 이야기가 화제가 되었습니다. 에베레스트를 무산소 등정한 최초의 산악인 페터 하벨러가 자기네 고향 사람이라고 합니다. 하벨러는 이탈리아의 산악 영웅 라인홀트 메스너와 1978년 에베레스트를 무산소로 같이 오른 세계 최초의 산악인입니다.

조금만 움직여도 가슴이 터질 듯한 가파른 트레일, 오르고 또 올라도 끝이 보이지 않습니다. 5,417m 고갯길에 오르니 우편으로 이어지는 고갯마루가 하나 더 있습니다. 롯지를 출발하여 3시간 거리입니다. 칼날 바람을 마주하며 가파른 너덜바위 트레일로 1시간쯤 더 오르는 곳이 5,559m 추궁 피크입니다. 5,500m 고도에서는 3분만 걸어도 평지에서 100m 거리를 질주한 상태와 같습니다. 8,000m 고도에서는 3~4발자국만 움직여도 100m를 질주한 듯한 피로를 느낍니다.

추궁피크에는 3m 높이의 아담한 4각 돌탑에 라마교인들의 오색깃발 타르초가 휘날립니다. 행운을 비는 그들의 기도가 바람을 타고 하늘까지 퍼져 울린다는 오색 깃발입니다. 사방이 확트인 시야로 눕체빙하 계곡, 눕체남벽, 아마다블람, 마카루, 캉데카, 탐세르쿠, 꽁테, 타보체, 추궁, 푸모리, 히말라야의 설봉들이 한눈에 들어오는 곳입니다. 추궁 롯지에서 4시간 거리입니다.

끝없이 이어진 눕체빙하, 수많은 설봉들의 위용, 눕체 남벽의 장엄한 설벽, 가슴을 울리는 자연의 웅장함, 대자연 앞에 인간은 매우 미미한 존재임을 스스로 깨우치게 합니다. 추궁피크는 눕체빙하 북편 에베레스트에서 4㎞ 지점입니다. 29년 전에 이곳을 올랐을 때는 구름이 주변을 신비롭게 휘감아 미묘한 자태만 볼 수 있었는데, 오늘은 속살까지 보여 줍니다.

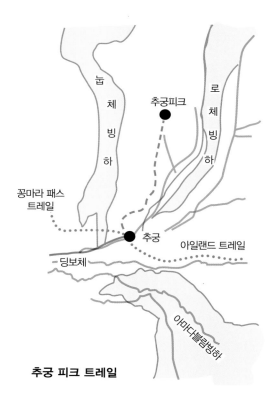

추궁 피크 트레일

고산 트래킹에서 반드시 주의할 점들이 있습니다. 그중 첫 번째가 치통, 치질, 폐렴, 위계양, 충치, 당뇨 등 지병을 가진 사람은 주의해야 한다는 것입니다. 고소증으로 더 악화될 수 있기 때문에 의사와 상담을 하고 떠나는 것이 좋습니다. 또한 트래킹 도중 물을 자주 마셔야 합니다. 물은 되도록 끓여서 먹는 것이 좋으며, 끓인 물에 커피를 연하게 타서 보온병에 보관하여 마셔도 좋습니다. 커피에는 카페인이 들어 있어 신진대사를 돕는 역할을 하는데, 이에 반해 녹차 종류는 위를 쓰리게 하거나 위에 부담을 줍니다. 현재까지 산소 의학의 연구 수준은 미약합니다. 항생제로 피의 흐름을 확대할 수는 있으나 수분 섭취가 더욱 이상적입니다.

히말라야의 햇빛은 강렬하여 긴팔과 긴바지는 필수입니다. 그리고 선글라스와 자외선으로부터 6시간을 보호해 주는 SPF 50 이상인 썬크림을 발라야 피부를 보호할 수 있습니다. 간식은 사탕 종류가 좋습니다. 에너지로 빨리 바꿔 주기 때문입니다. 낮과 밤의 기온차가 심해 따뜻한 옷이 필요합니다. 그리고 에너지를 충전하기 위해 충분히 쉬어야 합니다.

나마스테 에베레스트!

안나푸르나
순환 트레일
— 서부 네팔

　안나푸르나 순환 트래킹은 히말라야 서부에 병풍처럼 펼쳐 있는 고봉들을 둘러보는 매력적인 트레일입니다. 북에서 남으로 안나푸르나 1봉 · 3봉 · 4봉 · 2봉, 강가푸르나의 순서로 이어지며, 3봉 남쪽 끝에 마차푸차레가 있습니다. 히말라야의 마차푸차레, 아마다블람 그리고 알프스의 마테호른은 세계 3대 미봉(美峰)에 속합니다.

　안나푸르나 1봉 동쪽은 마나슬루와 마주하고 서쪽은 다울라기리와 마주합니다. 다울라기리는 세계에서 7번째, 마나슬루는 8번째, 안나푸르나 1봉은 10번째로 높은 산입니다. 카트만두에서 포카라까지는 비행기로 25분, 버스로 7~8시간 정도 걸립니다. 약 200㎞ 거리지만, 도로가 좁고 커브도 많아 속도를 낼 수 없습니다. 포카라 시내에서 보이는 세계적인 명산 안나푸르나와 마차푸차레의 아름다움에 관광객들은 호흡을 멈출 정도입니다. 혼자 보기에는 아까울 정도로 아름다운 명산들이 코앞에 펼쳐져 있습니다. 카트만두에 6년을 살면서 포카라에 올 때마다 눈앞에 펼쳐지는 이 아름다운 명산을 바라보면 무한한 행복감을 느낍니다. 안나푸르나 주변은 히말라야에서 가장 인기 있는 트래킹 코스입니다. 그중 네팔 제일의 관광도시 포카라를 기점으로 1일에서 12일 정도의 안나푸르나 산군을 둘러보는 코스가 유명합니다. 관광철인 10~11월, 4~5월 안나푸르나 주변은 항상 붐비는데, 특히 마나슬루, 강가푸르나, 닐기리, 툭체, 다울라기리, 안나푸르나 순환 트래킹은 매력적입니다.

세계에서 두 번째로 높은 곳에 위치한 포카라의 페화달 호숫가 모텔에 여장을 풀었습니다. 시원한 에베레스트 맥주 한 잔을 들이키니 안주가 없어도 주위 분위기에 취해 술맛이 절로 났습니다. 대학시절을 훨씬 넘겼으나 술 한 잔 마신 상태에 비틀즈 노래를 들으니, 마치 옛 시절로 돌아간 듯 흥이 올라 어깨가 들썩였습니다.

이른 새벽, 포카라 뒷동산 사랑콧에 해 뜨는 장면을 보기 위해 길을 나섭니다. 몇 번을 가 본 곳이지만, 해가 뜨면서 눈앞에 펼쳐지는 마차푸차레산과 안나푸르나산을 바라보고 있노라면 세상만사 근심도 모두 씻겨 나가는 듯합니다. 특히 마차푸차레 산은 시시각각 다른 모습으로 변합니다. 구름이 산허리로 스쳐 지나갈 때와 구름이 산 아래로 깔렸을 때는 전혀 다르게 보입니다.

병풍처럼 펼쳐져 있는 안나푸르나 1봉에서 4봉을 바라보며 조용히 눈을 감고 앉아 있으니 명산의 숨소리가 들려오는 듯합니다. 마차푸차레의 기운이 세상에 때묻은 마음을 말끔히 씻어 주는 듯합니다. 한세상 이런 기분으로 이곳에 머무르고 싶은 마음입니다.

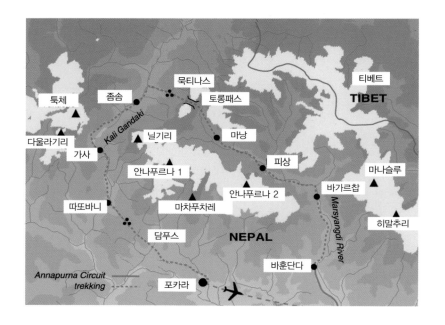

포카라 915m — 바훈단다 1,311m   7시간

포터 한 명을 대동하고 9박 10일 안나푸르나 순환 트래킹에 나섰습니다. 산간 마을의 여인네들은 따가운 햇볕 아래 가을철 추수로 한창 바쁩니다. 벼를 자르고, 도리깨질을 하고, 절구를 찧으며 분주하게 살아갑니다. 햇볕에 그을린 검은 피부 때문에 네팔 사람들은 쉬 늙어 보입니다. 산간 지방의 고된 삶이 그들의 젊음을 빨리 빼앗아 갔습니다.

오후 시간 베시샤하르를 지나니 람정히말 봉우리가 햇볕에 반사하여 보석처럼 빛납니다. 완만한 계곡과 산길을 4시간 정도 걷자, 산비탈 아래로 고개를 돌리면 거대한 계곡이 전신을 압도하고 가끔 짙은 구름이 주변의 산들을 삼켜 버립니다. 혹시나 구름이 걷혀 멋진 설산을 구경할 수 있을까 기대했지만 허사였습니다. 세찬 바람이 지나가고 마른 번개마저 번쩍거립니다.

길거리에 염소 몇 마리가 지나가는 트레커들을 반깁니다. 주변의 계단식 경작지가 이채롭게 모습을 드러내고, 집 앞에 기르는 채소 밭에서 풀을 뽑는 아낙네가 우리의 여인네 모습과 흡사합니다. 그들은 자연에 순응하며 불편함을 느끼지 못한 채 가난한 삶을 사는 1960년대 우리네 모습 같습니다.

바훈단다 롯지에 도착하니, 독일 트래커 몇 명이 맥주를 마시며 즐거운 시간을 보내고 있습니다. 네팔에서 5개월을 지냈다는 그들은 안나푸르나 트래킹 후 독일로 돌아간다고 합니다. 그중 한 명은 본국으로 돌아가 반년을 일해 저축하여 다시 네팔에서 행복한 시간을 보낼 예정이랍니다. 당시 외국인들의 네팔 관광비자는 6개월이 허용됐으나 현재는 3개월로 축소되었습니다.

아침 햇살이 따갑습니다. 원만한 계곡을 지나 다리를 건너 가파른 벼랑길에서 숨을 돌렸습니다. 앞서가는 포터가 뒤를 돌아보며 빨리 오라는 손짓을 합니다. 알았다는 표시로 고개를 옆으로 두 번 흔들었더니 하얀 이빨을 드러내며 함박웃음을 짓습니다. 네팔 사람들은 고개를 옆으로 흔들면 긍정의 표시며, 위아래로 흔들면 부정의 표시입니다. 우리와는 정반대의 표현 방법입니다.

오전부터 협곡길을 계속 올랐습니다. 갑자기 전나무 숲에서 원숭이들이 눈치를 보며 접근합니다. 그중 새끼를 안고 있는 원숭이에게 바나나 한 개를 던져 주었더니, 다른 녀석들도 모여들었습니다. 네팔 바나나는 부드럽고 달콤한 향이 있습니다. 기후와 토질 때문이기도 하겠지만, 인간의 탐욕이 배이지 않았기 때문일 것입니다.

참체의 샹그릴라 주변에선 계곡 사이로 마나슬루 8,156m 산군을 볼 수 있습니다. 마나슬루는 세계에서 9번째로 높은 산이며, 1972년 한국 원정대원 15명의 목숨을 앗아간 산입니다. 길가 언덕 위에는 민들레가 피어 있습니다. 4~5월에 피는 민들레를 가을철에 본 것입니다.

매일매일을 여러 나라의 남녀들과 큰 토담방 하나에서 침낭 신세를 졌습니다. 그리고 침낭 밖으로 얼굴만 내놓고 대화를 나누는 사이에, 어느덧 국적과 성별의 구별 없이 서로 따뜻한 친구가 되었습니다.

산간지방의 사람들은 살아남기 위해 신발도 없이 하루를 시작합니다. 꿈을 찾아 세상으로 나가고 싶지만, 벗어던질 수 없는 가난으로 인해 그럴 수도 없습니다. 희망의 조각을 찾고 싶어도 현실을 외면할 수는 없습니다.

계속해서 안나푸르나 산군과 아름다운 설산을 조망하며 한적한 산길을 올라갑니다. 트레일 초입을 떠난 지 4시간쯤 지나서는 사방에 짙은 구름에 덮였습니다. 짙은 구름 속을 걷는 기분이 마치 강변을 걷는 것 같아 로맨틱하였습니다. 앞서가는 여성 트레커가 느린 걸음으로 간혹 뒤돌아보며 걸어갑니다. 어둠 속으로 사라져 가는 그녀의 뒷모습을 쳐다보며 걷습니다. 구름 속 비탈길을 오르고 내리며 1시간 정도를 걷자, 구름은 차츰 걷히고 가파른 계곡이 나타났습니다. 이름 모를 협곡을 지나 산등성이로 오르니 파도처럼 늘어선 설경이 코앞에 다가옵니다.

포터와 구슬땀을 흘리며 완만한 언덕길을 넘고 평지를 한동안 걸었습니다. 시간 제약을 안 받는 산행이다 보니, 피로하면 바위나 물이 흐르는 골짜기에서 쉬었습니다. 때로는 조그만 시냇물에 마음을 던져 놓기도 하고, 여유롭게 자연을 즐기며 지나가는 트레커들과 한가롭게 대화를 나누기도 합니다. 만년설에서 흘러내리는 차가운 개울 물가에 앉아 쉬면서 한평생 이 산속에서 어영부영 머물고 싶다는 망상에 젖어 보기도 합니다. 산사람들의 순박한 눈빛과 미소로 맞이하는 친절에서 행복이란 어디서 오는 것이 아니라 스스로 만들어 내는 것임을 되새겨 봅니다.

차메라는 마을에서는 트레일이 오르막길로 이어졌습니다. 그리고 피상피크라는 엄청난 바위산을 바라보며 걷다 피상에 숙소를 잡았습니다. 침낭 하나 들어갈 공간이지만 독방입니다. 남녀공동 처소보다는 자유롭습니다. 3,200m의 높은 산중에서 바람을 피할 수 있는 곳이라면 감사하고 또 감사할 따름입니다.

우리가 만나는 산간마을 사람들은 누구나 환한 얼굴에 소박한 미소를 띄웠습니다. 잘난 척도 하지 않고 거만하지도 않은 그들의 겸손함이 나를 깨우칩니다. 그리고 감자 몇 개로 하루를 연명하는 그들을 보노라면, 현대문명 같은 것은 까마득한 옛날이야기 속으로 숨어 버립니다.

피상 3,182m — 마낭 3,500m 4시간

이른 아침부터 소란스러워, 무슨 일인가 싶어 밖에 나왔습니다. 변소가 하나밖에 없다 보니 급한 사람이 새치기를 하는 바람에 한바탕 말다툼이 일어난 것입니다. 국적이 다르고 인종이 다르니 의사소통이 제대로 안 되어 더 문제가 커졌습니다. 급한 사람은 적당한 곳에서 해결하면 될 일인데 인간들은 참 사치스럽습니다. 꼭 호텔 같은 변소만 찾으니 말입니다.

네팔에는 큰 도시를 제외하면 변소가 없습니다. 산행을 하려면 눈치

껏 적당히 볼일을 처리하는 매너도 배워야 됩니다. 흙을 가까이 하면서 자연스럽게 살아가는 히말라야 산골 사람들의 모습이 꽃처럼 아름답게만 보입니다. 매일 간단한 식사, 가공하지 않은 음식으로 끼니를 때우며 추억을 쌓아 가고 있습니다.

　설산마다 이름이 있으나 그저 내가 모를 뿐입니다. 완만한 산길, 평원, 넓은 초지, 오르막길, 좌편으로 안나푸르나 3봉도 가깝게 다가옵니다. 계속해서 안나푸르나 산군과 강가푸르나 설산을 조망하며 걷습니다. 계곡 위의 긴 출렁 다리를 건너 다시 완만한 곳으로 들어서자, 동네 앞으로는 강가푸르나에서 발원하는 강물이 마상디 강으로 흐릅니다. 가파른 돌산계곡이 보이는 곳에서 여장을 풀었습니다.

마낭 3,500m — 묵티나스 3,800m 11시간

　페디에서의 일을 생각하여 새벽에 화장실부터 챙겼습니다. 화장실은 야외에 흙을 파고 비가 들이치지 않게 나뭇가지로 막아둔 간이 변소입니다. 오늘은 안나푸르나 순환 트레일의 제일 높은 5,416m 토롱패스를 넘어 묵티나스로 넘어갑니다. 토롱패스 트레일은 칼바람과 흙먼지로 눈을 제대로 뜨지 못하는 곳이라, 바람이 잠잠한 이른 아침 시간에 이곳을 넘어야 합니다.

　새벽 4시에 랜턴을 켜고 발걸음을 서둘렀습니다. 강가푸르나, 띨리초 피크, 안나푸르나 3봉과 4봉이 어둠 속에서 길을 밝혀 주었습니다.

가파른 오르막길을 오르고 원만한 협곡을 지나며 트레일 입구에서 5시간쯤 강행군을 하여, 드디어 페디마을로 들어섰습니다. 협곡 사이에 자리잡은 페디마을은 요새지 같은 돌담집들로 이어집니다. 계속 고도가 높아지니 숨도 차고 다리도 삐걱거립니다.

트래킹을 시작한 지 8시간 정도가 되었을 때, 우리 일행은 5,416m 토롱패스에 당도하였습니다. 마낭 골짜기에서 불어오던 칼바람이 오후에는 좀솜 방향에서 불어옵니다. 상승기류와 기압적인 문제인 것 같습니다. 세찬 칼바람으로 인해 마스크나 선글라스가 필요한 트레일입니다. 토롱패스에는 돌로 만든 셸터와 오색 깃발이 어지럽게 걸려 있었습니다. 티베트인들의 소원을 담은 기도 깃발로, '다르딩(Dar Ding)' 또는 '룽따(Lung Ta)'라고 부릅니다. 그들의 소원이 바람에 흐느끼는 깃발을 따라 골짜기 곳곳으로 전달되는 듯합니다.

계속하여 칼바람을 마주하다 묵티나스 롯지에 도착하였습니다. 트래킹 출발점으로부터 장장 10시간 만입니다. 이곳은 대부분 돌담에 돌지붕입니다. 강한 바람을 이겨 내려면 돌지붕이 안성맞춤이기 때문일 것입니다. 특이하게도 돌집의 주방과 침실은 같이 사용한다고 합니다.

동네길에서 신발도 없이 어깨가 다 보이는 옷을 입은 어린애들을 만났습니다. 가난에 찌들리는 그들의 모습을 보니 목이 막혔습니다. 그런데 그들은 물질적 행복보다는 정신적 행복을 추구하는 사람들입니다. 누추하게 살지만 그들의 눈에는 행복이 서려 있습니다. '그들의 부모는 배고픈 아이들을 바라보며 무슨 생각을 할까? 이들에게 삶의 의

미는 무엇일까?' 의문이 쌓입니다.

적막한 히말라야의 밤하늘에는 별들만 소근댑니다. 조그만 헛간방에 트레커 5명이 각자 침낭 속에 들어가자, 어둠 속에 침낭들이 꿈틀거립니다.

다음 날 아침 주인에게 시간을 물었더니, 마을에는 시계 있는 집이 없다고 합니다. 그리고는 깊은 산골에서 시간을 정확히 알아서 무엇에 쓰냐고 반문하며, 어리석은 사람이 시간에 쫓기며 산다고 의미 있는 말을 합니다. 잠이 오는 시간, 배가고픈 감각, 닭이 닭집으로 들어가면 시간을 알 수 있답니다. 시간 밖에서 살면 삶을 한층 더 즐길 수도 있을 것 같습니다. 통역을 하던 포터도 너털웃음을 터트렸습니다.

묵티나스 3,800m — 좀솜 2,013m — 가사 5시간

매일 새로운 마을을 향해 떠날 때의 기분은 말로 다 표현하지 못할 만큼 설렘과 행복으로 가득합니다. 오늘부터 트레일은 계속해서 내리막길입니다. 주변의 이름 모를 설봉을 바라보며 좀솜 방향으로 내려갑니다. 넓은 계곡을 지나 메마른 개울길로 들어섰습니다. 묵티나스에서 무스탕으로 가는 갈림길을 지나고 계곡을 두세 번 건너뛰어 요새지 같은 황막한 좀섬에 도착하였습니다. 트레일 우측으로 멀찌감치 다울라기리 연봉이 얼굴을 내미는 가운데, 주변의 풍경은 사막처럼 신비롭습니다. 토양도 하얗고 티베트식 돌집의 돌담도 모두 하얗게 페인트 칠을 하였기 때문입니다.

좀솜에는 어떤 이야기가 숨어 있을까요? 눈에 보이는 모든 것들이 신비합니다. 길가 텃밭에 열무가 탐스럽게 자라고 있습니다. 고산에서 채소를 보니 꽃을 본 듯 기분이 상쾌합니다. 대문도 없는 하얀 토담집 문간에 막대기가 가로질러 있습니다. 사람이 없다는 표시입니다. 이곳에는 포카라를 오가는 경비행장이 있는데, 비포장 활주로입니다.

좀솜을 뒤로하고 말파를 지나 가사로 내려갑니다. 초가집 지붕으로 오르는 이색적인 외나무 사다리 위로 시야를 옮기자, 지붕에서 붉게 말라 가는 고추와 곡식이 보입니다. 가사 마을에는 과수원도 있어 경관이 수려합니다.

흙과 돌로 쌓아올린 집들이 띄엄띄엄 붙어 있는 마을, 금방 무너질 것 같은 돌담 여인숙에 도착하였습니다. 내부는 캄캄한 돌집 공간에서 먹고 자고 생활하게끔 되어 있었습니다. 주거환경이 너무나 비위생적인데도 그들은 그들의 삶의 방식에 만족하는 듯합니다. 우리네 막걸리와 비슷한 네팔의 전통곡주인 '창'을 마셔 보니 향도 좋고 독하지도 않으면서 감미롭습니다. 다울라기리, 닐기리, 안나푸르나 1봉의 아름다운 설봉을 번갈아 바라보며 트레커들과 서로 어울려 세상 이야기로 꽃을 피웠습니다.

지난 일주일간 같이 지낸 포터와도 친해져 제법 농담도 합니다. 포카라가 고향이라는 그는 3남매 중 맏이라고 합니다. 자기가 일해서 부모님을 모시고 동생을 학교에 보내는 충실한 청년입니다.

가사 – 따또빠니 4시간

불을 지피는 아낙네의 표정이 너무 안쓰럽습니다. 가난에 시달리는 사람들의 부엌 불 속에서 그들의 슬픔도 함께 타는 것 같습니다. 오늘은 '따또빠니'로 이동합니다. 따또빠니란 말은 '온천'이라는 뜻으로, 온천이 있어 마을 이름이 '따또빠니'입니다. 대부분의 트레커들이 하루 정도 쉬어 가는 곳입니다. 개울가 노천 온천장은 남녀 혼탕입니다.

발뒤꿈치가 가려워 살펴보니 피가 묻었습니다. 히말라야 거머리한테 당한 것입니다. 카트만두 골프장에서도 거머리한테 몇 번 당하고 나서

는 양말 속에 소금을 뿌려 예방을 하였는데, 또 당했습니다. 히말라야
에서는 거머리와 운석 때문에 끓인 물이나 생수를 마시고, 양말 속에 소
금을 뿌린 후 신습니다. 거머리는 소금이 들어가면 죽는다고 합니다.

　하루를 쉬었더니 몸이 가뿐해졌습니다. 이른 새벽에 화장실로 나섰
는데, 부엌에서 음식일을 돕는 어린애가 합장을 하고 "나마스테" 하고
인사를 합니다. 저 어린 나이에 이른 아침부터 일하는 모습이 안쓰럽
습니다. 흘러내리는 콧물을 화장지로 훔쳐 주었더니 쑥스러워 합니다.
어린 나이에 호강은 못할 망정 왠지 가슴이 시렸습니다.

따또빠니 - 담푸스 1,600m 5시간

네팔 트래킹의 장점은 가파른 산길 중간중간에 마을이 형성되어 텐
트를 준비하지 않아도 된다는 점입니다. 고라빠니, 간두릉 마을을 지
나 담푸스로 내려갑니다. 담푸스는 안나푸르나 베이스 캠프로 가는 초
입 마을입니다. 담푸스 마을의 뷰호텔이라는 곳에 들렀는데, 이 호텔
은 홍콩 거카부대에서 제대한 구룽이라는 사람과 미국 플로리다주의
거부가 합작하여 운영하는 호텔로, 전망도 좋고 환경도 쾌적합니다.
일반 롯지보다 가격이 3배 정도 비싸기 때문에 백팩 트레커들보다는 관
광객들이 찾는 곳입니다. 자가 발전기도 있으나 초저녁부터 깜박거리
다가 꺼져 촛불을 켜고 저녁을 먹었습니다.

　마차푸차레 명산의 해 뜨는 장면을 보기 위해 이른 아침부터 관광객

180

· 걸으니까 보이더라 · 안데스, 히말라야, 알프스, 로키 ·

들은 부지런히 움직입니다. 내 인생의 풍경을 그림으로 그려 본다면, 마차푸차레를 배경으로 그리고 싶을 만큼 담푸스에서의 마차푸차레 일출은 장관입니다. 마차푸차, 안나푸르나 2봉, 강가푸르나 명산들을 한눈에 볼 수 있는 곳입니다. 구름이 설산 허리에 멈돌고 그 구름 위로 연결되는 봉우리들과 구름 아래 계곡들은 말할 수 없이 신비롭기만 합니다. 히말라야 명산들은 신이 내려 준 특별한 선물이며 별천지임에 틀림없습니다. 귀를 기울이고 마차푸차 명산을 바라보니, 평화와 기쁨이 내 마음속에 꿈틀거립니다.

작은 손으로 염소젖을 짜고 감자나 옥수수로 끼니를 때우는 아이들을 보았습니다. 그들을 보면서 네팔왕국 빈부의 차이는 영원히 해결되지 못할 것 같다는 생각이 들었습니다. 기아와 빈곤에 시달리는 어린이들을 가난으로부터 벗어나게 할 수 있는 길은 교육밖에 없을 것 같습니다. 순수하고 아름다운 꿈을 안고 사는 그들 곁에서 도움을 주고 싶습니다.

담푸스 — 포카라 915m 5시간

안나푸르나 순환트래킹 마지막 날입니다. 식당에서 제일 유명하다는 닭볶음탕을 먹고 노단다로 내려갑니다. 엎어질 듯한 내리막 급경사, 체중이 발가락에 쏠리며 뒤꿈치는 들린 상태에서 한 시간쯤 내려갔습니다. 그리고 2시간 정도 쎄티강변 자갈길을 따라 걷습니다. 쎄티 강변에서 돌을 깨는 일을 하는 꼬마 아이를 보았습니다. 하루 종일 벌 수 있는 돈이 500원 정도라는 아이의 말에, 그 작은 손을 잡아 보고는 가슴이 아팠습니다. 어느 누구에게나 힘겨운 삶이 있고, 그 삶 속에는 어쩔 수 없는 선택이 있습니다. 우리는 사람의 의지대로가 아닌 신의 의지대로 살아가는가 봅니다.

아침 햇살에 비친 마차푸차 명산이 페와달 호수 속에 빠졌습니다. 한 폭의 산수화 같은 마차푸차의 풍경이 호수에 담겼습니다. 행복한 기분으로 풍경을 카메라에 담았지만, 현상된 사진을 보면 실망하곤 합니다. 사진을 잘 찍었으면 하는 아쉬운 마음은 산행 뒤에 따르는 허전한 기분입니다. 디지털 사진기가 당시에 나왔더라면 깜직한 사진 몇 장은 있었을 텐데, 아쉬움만 남습니다.

2015년 가을, 출판을 서두르며 사진 정리를 하다 아쉬움이 많았습니다. 6년을 정들어 살았던 히말라야의 기록 사진은 있으나 풍경 사진이 없어 사진여행을 떠났습니다. 에베레스트와 안나푸르나 트레일은 30년 전에 비하면 많이 좋아졌습니다. 현대문명은 산간 마을에도 깊숙이 파고들었습니다. 두 발로만 걸었던 트레일도 비행기나 자동차로 진입이 가능해졌습니다.

나는 지금도 백팩 트래킹을 자주 다닙니다. 자연으로부터 배울 것이 많기 때문입니다. 산행에서 돌아오면 항상 그랬듯이 답답했던 가슴이 풀리고 내 스스로 행복해져 있다는 사실을 알 수 있습니다. 나는 지금도 간혹 꿈을 꿉니다. 꿈속에서 산간 마을에서 감자로 끼니를 때우며 같이 웃었던 사람들을 만나다 깨어나곤 합니다. 꿈에서 깨어나면 다시 잠을 청하여 그 꿈을 이어 가고 싶은데, 도통 그 꿈이 연결되지 않습니다.

• 소리마저 얼어붙은 히말라야 •

알프스

Alps

· 사진으로 보는 알프스 ·

리펠 호수에서 보는 마테호른 북면 전경

유럽에서 가장 높고 예술적인
에퀴디미디 전망대

에퀴디미디 전망대에서 바라본
디따뀔, 몽모디, 몽블랑

패러글라이딩으로 새처럼 날아 본
샤모니 몽블랑

메르드글라스
얼음궁전

유럽에서 최고 높은 수신탑을 가진
에퀴디미디 전망대

이태리의 엘브로네로를 왕복하는
에퀴디미디 파노라믹 몽블랑 케이블카

호수에 담긴 세계 3대 명산
마테호른 북면 전경

마테호른 호수길 트레일에서 보는
마테호른 북면 전경

수많은 산악인들이 열정으로 오르는
세계명산 마테호른

아침 햇빛이 마테호른 동면을
밝히는 전경

에퀴디미디 설산에 추억을 담는 트레커들

스위스 최고봉 몬테로사의
고르너빙하 계곡 전경

밤 하늘의 가득한 별과 달이 텐트까지
찾아주는 마테호른 베이스

융프라우 슈핑크스 전망대에서 보는
알레치 글래처 빙하 전경

알레치 설원의 눈덮인 세상 속에
추억을 담는 트레커들

그린델발드의 피르스트 호숫길에서 보는
알프스 3대 북벽 아이거

피르스트 호숫길에서 보는
바흐알프 호수와 융프라우 산군

라바레도 산장 고갯길에서 보는
트리치메 디 레바레도 동쪽 전경

알프스의 5대 거벽인
트리치메 디 라바레도 동부능선

돌로미테의 대표적인
트리치메 디 레바레도 북면

데이 토니패스 트레일에서 보는
트리치메 디 라바레도 남면 전경

로카델리 산장에서 보는 트리치메 디 라바레도 북면 전경

포셀라 지랄바 고갯길에서 보는 돌로미테 구름바다

만년설로 유혹하는
알프스

샤모니, 몽블랑 – 프랑스
마테호른, 융프라우 – 스위스
돌로미테 101 트레일 – 이탈리아

독일
Germany

LIECHTENSTEIN

오스트리아
AUSTRIA

스위스
SWITZERLAND

ALPS

융프라우

돌로미테

SLOVENIA

프랑스
RANCE

몽블랑

마테호른

이태리
ITALY

Adriatic Sea

Mediterranean Sea

012 Encyclopædia Britannica, Inc.

알프스(Alps)산맥에는 세계적으로 유명한 몽블랑과 마테호른, 그리고 세계에서 가장 높은 에퀴디미디 전망대가 있습니다. 특히 이탈리아의 돌로미테에 숨겨진 기기묘묘한 보석 같은 암봉들은 트레커를 매혹시킵니다.

　알프스의 아름다운 설산 속으로 트래킹을 떠나기 위해 런던 킹 크로스 빅토리아 역에서 파리행 열차에 올랐습니다. 전쟁과 평화가 공존하였던 도버해협과 푸른 초원지대를 지나 파리의 리온역에 도착하였습니다. 제네바행 기차는 프랑스의 농촌 풍경인 포도밭, 목장, 밀과 옥수수밭, 그리고 소박한 풍경을 질주하여 4시간 만에 제네바의 코르나뱅 역에 도착하였습니다. 인구 16만 국제도시 제네바역은 스위스와 프랑스가 공동으로 운영하는 철도역입니다. 참으로 중립국다운 발상입니다.

　스위스 서남단 끝에 위치한 제네바(주네브)는 중립국 도시입니다. UN 본부를 비롯해 세계보건기구, 세계무역기구와 23개의 국제기구, 200여 개의 세계 대기업들의 사무소가 바로 이곳에서 운영되고 있습니다. 인구 16만의 45% 정도가 다국적 외국인이 거주하고 있어, 뉴욕에 이어 세계 제2의 다국적 국제도시로 불립니다.

　백팩을 둘러메고 레만호수로 이동합니다. 제네바에서 샤모니 몽블랑으로 떠나는 버스 정류장이 있는 알프거리를 지나 레만호수로 이어지는 몽블랑 거리에는 로렉스 시계, 크리스천 디올, 샤넬 등 명품 상가들이 즐비합니다. 몽블랑 브릿지를 지나 제네바 공원에 들렀습니다. 공원 입구에 세워진 거대한 꽃시계가 제일 먼저 시선을 끌었습니다. 600여 종의 꽃으로 장식한 꽃시계의 4m나 되는 분침을 요술 방망이로 두드리면 레만호수로 들어가는 도깨비 문이 열릴 것만 같습니다.

분위기 좋은 호수 산책길을 한동안 걸었습니다. 레만호수는 동서 길이가 72㎞, 남북의 폭이 14㎞로 유럽에서 2번째로 크며 서울 면적 정도입니다. 호수에는 제네바를 상징하는 40층 높이의 분수대가 있는데, 그곳에서 뿜어 올리는 140m 높이의 물기둥은 관광객들의 시선을 끌었습니다.

호수 주변의 꽃시계가 있는 공원을 지나 구시가지 언덕길로 들어섰습니다. 주변에는 음식점, 책방, 중세기의 예술적인 건물이 한데 어우러져 평화롭고 낭만적인 도시로 느껴졌습니다.

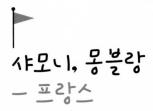

샤모니, 몽블랑
_ 프랑스

제네바에서 오후 5시 30분에 출발한 버스는 산골마을 3~4곳을 경유하여 2시간만에 샤모니 기차역 앞에 도착하였습니다. 몽블랑 설경을 볼 생각에 잔뜩 부푼 마음을 안고 버스에서 내렸으나, 가랑비가 내려 아쉬움이 들었습니다. 따뜻한 온기가 그리워 맥도날드 패스트 푸드점에 들러 햄버거를 주문했습니다. 그리고는 케첩을 달라고 하였더니, 별도로 돈을 받습니다. 햄버거는 몽블랑 눈덩이 같이 차가웠으며, 가격은 무척 뜨거웠습니다.

식사를 마친 후, 샤모니 박물관 뒤편에 있는 공동묘지를 둘러보았습니다. 몽블랑을 등정하다 산에서 꽃을 피운 사람들의 공동묘지입니다. 몽블랑을 오른 사람들은 가파르고 험난한 산을 택해 도전합니다. 도전적인 삶, 꿈을 이루기 위한 그들의 삶에서 모험심을 배웁니다. 그들이 이 힘든 산행을 통해 극복하려는 것은 자신의 목표며 의지였을 것입니다.

샤모니 계곡은 오늘도 구름에 갇혔습니다. 샤모니 광장에서 몽블랑을 초등한 '자크발마'와 '베네딕 드 소쉬르' 동상 앞에 멈춰 섰습니다. 동상 뒤 바위에는 "지구촌 산악인에게 감명과 용기를 준 위대한 사람"이라는 문구가 새겨져 있습니다. 샤모니 광장과 연결된 번화한 파까르 거리를 느린 걸음으로 걸었습니다. 유명 브랜드 등산장비, 슈퍼마켓, 음식점, 기념품 상가들로 가득해 관광객들이 주로 찾는 거리입니다. 아담한 규모의 상가들을 차례로 둘러보았습니다. 상가 하나하나에서 받은 즐거움은 소박한 친절이었습니다.

디따귈 정상

몽블랑 정상

프랑스 텔레비젼 방송 안테나
유럽최고 높이의 방송 수신탑

철교

에귀디미디 전망대

포인테 엘브로네르 파라노믹 케이블카 정거장
5km 거리의 이태리 국경까지 50분 관광 코스

철교

디따귈 설산 트레일

하늘에서 본 알프스의 몽블랑 전경

샤모니 기상 일보에 의하면, 샤모니는 연일 비가 오거나 구름이 깔리지만 몽블랑 정상은 맑은 날씨라고 합니다. 알프스 트래킹은 산악열차, 로프웨이, 케이블카, 리프트를 이용하여 산 정상으로 오르기 때문에 무거운 백팩을 둘러메지 않아도 알프스의 풍광을 즐길 수 있습니다.

설산 트래킹에 필요한 장비를 대여하여 가이드를 따라 에퀴디미디 전망대로 오르는 케이블카에 올랐습니다. 수직절벽에 세워진 전망대를 케이블카로 올라갑니다. 케이블카는 출발점에서 중간역 몽탕베르까지 2,317m, 6~7분 정도가 소요됩니다. 중간역에서 70명이 탈 수 있는 로프웨이로 갈아타고 구름 속을 10여 분을 오르니, 몽블랑 정상이 한눈에 들어왔습니다. 세계에서 가장 높고 가장 빠른 에퀴디미디 로프웨이는 24㎞ 구간을 21분만에 오릅니다.

로프웨이에서 내려 더 높은 곳에 위치한 전망대로 오르는 엘리베이터를 타고 최고 전망대인 3,842m 높이까지 올랐습니다. 음식점, 기념품점, 카페를 지나 밖으로 나가니, 구름바다를 이룬 샤모니 계곡과 함께 몽블랑 정상 주변의 신비한 설경이 관광객을 매료시킵니다. '산악 스포츠의 천국'답게 알프스의 눈 덮인 산봉우리들이 파노라마처럼 펼쳐집니다. 에퀴디미디 전망대는 몽블랑 4,807m 정상을 가장 가깝게 볼 수 있는 곳입니다. 전망대 동쪽으로 디따퀼 4,187m, 몽모디 4,465m, 몽블랑 4,807m 정상이 코앞입니다.

샤모니 마을과 에퀴디미디 전망대와 고도 차이는 약 2,800m정도로, 한여름인데도 산 위는 춥습니다. 일행은 두꺼운 옷으로 갈아입고 기본 설산 트래킹 장비로 무장하였습니다. 그리고 반수직에 가까운 설산을 서로의 몸에 로프를 연결한 채 산아래로 걸어 내려갑니다. 한발 한발 옮길 때마다 스노우 슈즈의 칼날이 만년설에 내려 꽂히는 소리가 날카롭게 진동되어 가슴과 발이 떨렸습니다.

지구촌의 유명한 등반가들이 걸었던 발자국을 따라 걸어 보는 것도 나에게는 신비로웠습니다. 숨을 고르며 가이드를 따라가지만, 체력의 한계가 느껴집니다. 겨우 1시간 걸었을 뿐인데 영영 되돌아오지 못할 먼 나라로 들어온 것 같습니다. 코앞에 보이는 디따퀼, 몽모디, 몽블랑이 햇볕을 받아 아름답게 빛납니다.

포인테 엘브로네르

샤모니 계곡은 구름으로 덮였지만, 몽블랑 정상은 구름 한 점 없는 별천지입니다. 돌산과 돌산을 이어 주는 철교를 지나 5㎞ 거리인 포인테 엘브로네르 이태리 국경으로 가는 4인용 파노라믹 케이블카에 올랐습니다. 또 다른 파라노믹한 알프스의 설산관광 코스로, 이태리 방면 설산주변을 둘러보는 50분 관광입니다. 주위에는 하얀 눈산, 눈부실 정도로 푸른 하늘, 고봉 설산, 각각의 고봉들이 매력을 뽐내며 펼쳐져 있습니다. 오전에 걸었던 설산 트레일 위로 케이블카가 지나갑니다.

50분 동안 이탈리아 국경설산 파노라마 풍경을 담고 내려오다 플랑드 레퀴역에 내렸습니다. 샤모니 계곡을 바라보며 내려가는 2시간 정도의 트래킹 코스가 있는 트레일입니다. 돌산계곡으로 이어지는 협곡에는 '알프스의 장미'라고 불리는 진달래 종류의 하나인 알핀로제와 야생화가 아름답게 피었습니다.

명산을 보면 오르고 싶은 것은 어찌 보면 당연한 욕망일 겁니다. 숙소에서 만난 이스라엘 청년이 몽블랑 등정팀에 한 명이 부족하다며 이런 기회를 놓치지 말라고 권유합니다. 가이드 비용은 일인당 유로 4,500, 훈련비용과 장비대여 도합 유로 5,300유로라고 합니다. 전문 산악인과 같이 쉽게 오를 수 있다는 말에 관심이 쏠렸습니다.

몽블랑 등정훈련

프랑스에서 가장 긴 빙하, 메르 드 글라스를 거슬러 올라가 알프스 3대 북벽의 하나인 그랑드조라스 입구를 왕복하는 훈련에 참가하였습니다. 샤모니 몽블랑역에서 피니언 톱니바퀴 궤도로 오르는 몽탕베르행 빨강색 산악열차에 8명의 훈련팀이 올랐습니다. 등산열차는 2개의 레일 사이로 홈이 있는 보조 레일의 톱니바퀴가 홈을 찍으면서 올라갑니다. 소나무 숲 사이를 지나 산등성이를 힘겹게 오르는 열차에서 샤모니 계곡의 마을이 까마득하게 내려다보였습니다. 20여 분 달리던 기차가 해발 1,913m의 몽탕베르 협곡에 멈추었습니다.

3,754m 높이의 드류 서벽이 보이는 높은 언덕 위에 몽탕베르 전망대가 있습니다. 코앞에 내려다보이는 메르 드 글라스 빙하는 길이가 14㎞에 달합니다. 빙하 표면은 바위와 흙으로 덮여 있어 빙하라는 표현이 어색하나 두께가 약 200m라고 합니다. 스키 시즌에는 얼음동굴 주변에 눈이 쌓여 스키장으로 변합니다.

몽탕베르 역에 내려 수직에 가까운 곤돌라를 타고 2분정도 내려갔습니다. 그리고 암벽에 설치된 철제 사다리로 10여 분 내려가면 얼음동굴로 이어집니다. 빙하동굴은 폭과 높이가 약 3m 정도로, 알프스의 자연 수정과 야생동물 전시장입니다. 얼음 동굴을 둘러보는 데는 10분이면 충분합니다.

일행은 가이드의 뒤를 따라 메르 드 글라스 빙하로 거슬러 올라갑니다. 빙하 중앙에는 군데군데 크레바스도 있습니다. 한동안 전방에 그랑 샤르모 북벽을 보며 걷다 모레인(Moalins) 지대로 올라갑니다. 몽땅베르에서 모레인까지는 약 1시간 거리입니다. 모레인에서 메르데 빙하(Mer De Glace)와 렛쇼(Leschaux) 빙하가 만나는 곳을 지나 좌편으로 이어지는 바위 지대로 들어갑니다. 그곳에서 40여 분을 더 올라가니, 빙하 좌편 언덕에 렛쇼 산장이 보입니다.

그 산장이 보이는 곳에서 30여 분을 더 올라 그랑드 조라스 북벽이 보이는 곳까지 갔습니다. 가이드의 설명에 의하면 좌편은 쁘띠조라스봉, 에귀렛쇼봉, 정면에 보이는 가파른 거벽이 그랑드 조라스 4,208m라고 합니다. 일행은 그곳에서 발길을 돌렸습니다. 2시간 정도 메르드

글라스 빙하로 내려와 몽탕베르 역으로 가는 절벽에 약 15m의 수직 철사다리를 기어올라 몽탕베르 역으로 이동하였습니다.

디따귈 등반 훈련

이른 아침, 몽블랑 설봉을 보니 새로운 희망이 솟구쳤습니다. 시내 장비점에서 크램폰, 아이스바일, 헬멧, 로프, 방한복으로 무장하고, 오전 7시 이틀째 훈련에 동참하였습니다. 일행은 가이드를 따라 에퀴디미디 전망대로 향했습니다. 온통 구름바다인 샤모니 마을을 감상한 후, 전망대를 빠져나가 서로를 자일로 연결하여 칼날 같은 설산 능선을 내려갑니다.

훈련 시작점부터 가파르게 내려가는 설면입니다. 이틀 전에 내려갔던 곳입니다. 한발 한발 옮길 때마다 크램폰이 눈에 내려꽂히는 소리가 날카롭게 들립니다. 로프를 서로의 몸에 연결하였지만 상대방이 굴러떨어질까 봐 걱정도 됩니다. 칼날 같은 능선을 1시간 30분 정도 내려가 끝없는 설원을 걷습니다. 세월의 물결이 차곡차곡 새겨져 있는 눈길입니다.

앞서가던 가이드가 잠시 숨을 돌렸다 가자고 합니다. 가이드는 샤모니 마을의 스키 영웅에 대해서 자랑스럽게 이야기해 주었습니다. 샤모니 은행에서 일하던 피에레 터디벨(Pierre Terdivel) 전문 산악인은 몽블랑과 에베레스트 정상에 올라 스키를 타고 내려왔다며, 가이드도 언젠가는 그런 모험을 해 보겠다고 합니다.

그리고 세계 최고의 산악인 브와뱅이 이룬 업적 중에서 알프스의 3대 북벽을 단 하루에 모두 올랐던 사건이 있다고 합니다. 그는 그랑드 조라스에 오른 다음 파라팡트를 타고 마테호른으로 이동하여 마테호른을 오르고 또다시 파라팡트로 아이거 북벽으로 이동하여 아이거 북벽을 올랐다는 것입니다. 그것만이 아니라 마테호른 연속 등반도 하였다고 합니다. 마테호른 북벽을 오르고 행글라이더로 하강한 다음, 다른 루트로 마테호른 정상에 올라 스키를 타고 내려왔다는 것입니다. 007 영화에서 제임스 본드나 할 수 있는 일입니다. 더욱이 25kg이나 되는 행글라이딩을 메고 마테호른을 올랐다는 것은 더욱 놀랍습니다.

오늘 훈련은 눈꽃산행을 하면서 몽블랑 주변의 눈 상태와 체력을 점검하는 것입니다. 알프스의 햇빛이 나의 가슴을 따갑게 물들입니다. 설원을 2시간쯤 걸었을 때, 목적지인 몽블랑 디따귈, 4,248m 산을 향해 오르는 경사면이 시작되었습니다. 경사면을 힘들게 올라가니 크레파스를 건너는 철 사다리가 나왔습니다. 크레파스가 마치 죽음의 계곡을 건너는 다리 같습니다.

첫 번째 크레파스를 지나고 체력이 현저히 줄어들어, 이스라엘 친구와 나는 오육보를 걷고 1~2분을 쉬었습니다. 경사는 점점 가파르게 변하여 위험마저 느껴졌습니다. 더 이상 올라갈 수 없다는 체력의 한계를 느낀 이스라엘 친구와 나는 가는 길을 포기하고 뒤돌아오다 앞을 바라보았습니다. 에퀴디미디 전망대가 까마득하게 보였습니다. 체력이 망가지니 아무리 걸어도 거리가 좁혀지지 않습니다. 이렇게 걷다가는 마지막 케이블카를 놓칠 수도 있을 것 같아 불안하였습니다.

이런 체력으로 2일 후 가이드를 따라 몽블랑을 오를 수는 없을 것 같습니다. 몽블랑 정상으로 가는 길은 더욱 험난할 것입니다. 낭떠러지에 떨어질 수도, 미끄러질 수도, 피로하여 중도에 쓰러질 수도 있을 것입니다. 히말라야에서 한발 옮기고 10여 분을 쉬고 두 발 옮기고 주저앉은 경험을 해 본 적이 있습니다. 정상에 선다는 것은 선택받은 사람만이 누릴 수 있는 행운입니다.

샤모니 마을은 밤이 되면 구름이 아래로 모여 들었습니다. 숙소 백팩커들도 늦은 시간에 돌아와 오늘의 여행담을 나누거나 말없이 지도를 살폈습니다. 내 주위를 지나치는 검정고양이는 소리 없이 오가며 옷깃을 스칩니다. 다정스런 몸짓으로 다가와 쓰다듬어 주었습니다. 그리고 피곤하여 잠시 잠이 들었는데, 따뜻한 기운이 들어 살펴보았더니 고양이가 내 무릎에 앉아 졸고 있습니다. 귀여운 샤모니 고양이와 잠시 친구가 되었습니다.

하늘에서 본 몽블랑

샤모니 서쪽의 2,525m 브레방 전망대로 떠납니다. 샤모니 광장에서 북서쪽 비탈길을 10여 분 오르면 브레방 케이블카 승강장입니다. 브레방 전망대는 몽블랑과 마주하여 사진작가, 트레커, 스키어들과 자주 만나는 곳입니다. 1924년 동계올림픽 메인 스타디움 스키장이 있는 곳이기도 합니다.

케이블카는 10여 분 만에 중간 전망대인 **쁠랑쁘라**(Plan Plaz) 2,000m에 올랐습니다. 그곳에서 케이블카를 갈아타고 6~7분 만에 몽블랑을 가장 잘 볼 수 있는 브레방 전망대에 도착하였습니다. 안개가 사방을 휘감은 전망대 뒤편 동산으로 올라가자, 잠시 구름을 뚫고 내려꽂히는 금빛의 햇살 뒤로 거대한 절벽과 웅장한 산들이 첩첩이 숨어 있습니다.

완만한 내리막 트레일을 따라 한 시간 거리인 중간 전망대, 쁠랑쁘라로 내려오는 구간에서 이태리에서 왔다는 사진작가와 동행하였습니다. 그는 패러글라이딩을 즐기는 사람들의 사진을 담기 위한 여행 중이라고 합니다. 산 아래 쁠랑쁘라 전망대 음식점에 자리를 잡고 음료수를 마시며 아름다운 건너편 몽블랑 설산을 마주하고 있으니, 어디선지 고향 마을에서나 들릴 법한 평화스러운 소방울 소리가 들리는 것 같았습니다.

쁠랑쁘라는 패러글라이딩 명소답게 많은 행글라이더가 차례를 기다립니다. 샤모니 사람들은 패러글라이딩을 '에어택시(Air Taxi)'라 부릅니다. 헬멧을 쓰고 예약한 가이드와 같이 동승하여 30여 분 새가 된 기분으로 샤모니 상공을 날았습니다. 가이드가 이륙 후 기체에 달린 줄을 잡고 좌우 방향을 조절하자, 상승 기류를 타고 몸이 날아오릅니다. 샤모니 마을을 하늘에서 바라보니 마치 작은 레고 도시 같습니다. 에어택시로 알프스 상공을 날아 본 그 느낌을 오래도록 간직하렵니다.

229

마테호른, 융프라우
─ 스위스

샤모니 몽블랑에서 일주일의 추억을 담고 스위스 제르마트로 떠납니다. 샤모니를 떠난 몽블랑 익스프레스 기차는 깊은 계곡의 국경마을 체틀라를 지나 스위스의 마티니, 비스프역까지 2시간 정도 걸립니다.

비스프에서 제르마트 열차로 환승하였습니다. 역주행을 하던 기차는 철로를 바꿔 깊은 계곡과 그림 같은 알프스 전통양식 마을을 지나 1시간 만에 제르마트에 도착하였습니다. 제르마트역을 빠져나오니 짓궂은 비가 내렸습니다. 매번 새로운 역에 내리면 한바탕 전쟁을 치릅니다. 낯선 곳에서 숙소를 찾기까지 번거로운 과정을 거쳐야만 하기 때문입니다.

제르마트 거리에는 서부극에서나 볼 수 있는 마차 끄는 아가씨가 단연 인기입니다. 이곳은 대기오염 방지 차원에서 전기 자동차, 마차만 허용되는 마을입니다. 대부분의 관광객은 기차로 15분 거리에 있는 태쉬 터미널에 자동차를 세워 두고 기차를 이용하여 제르마트로 들어옵니다. 제르마트 기차역에서 400m 거리의 번화한 반호프(Bahnhof) 거리 양쪽으로 수많은 상가와 음식점, 등산용품, 호텔, 관광회사, 기념품 가게가 몰려 있습니다. 그런데 물가는 인건비 때문인지 매우 높습니다. 인건비가 세계에서 제일 비싼 곳이 스위스인데, 미국의 최저 임금이 9달러 선인 데 반해 이곳은 25달러에 달합니다.

숙소에 배낭을 풀고 반호프 거리로 나갔습니다. 스위스 전통의상을 입은 사람들로 붐비는 거리에서 알프호른 연주가 부드럽게 흘러 나왔습니다. 도로변은 먹거리 시장으로 변했습니다. 닭날개, 소고기, 양고기, 각종 고기류와 버섯을 엮어 노릇노릇하게 구운 다음 양념을 뿌린 것이 먹음직해 보였습니다. 악사들과 전통의상 퍼레이드가 펼쳐지며, 마을 전체가 온통 흥미로운 구경거리로 변하였습니다.

밤이 되자, 불꽃놀이가 시작되었습니다. 관광철 행사인 줄 알았는데, 알고 보니 오늘이 스위스 독립기념일인 8월 1일이라고 합니다. 스위스는 1499년 신성 로마제국의 공격을 받았으나 승리하여 바젤 조약에 따라 독립을 하였습니다. 1815년에는 중립국이 되었으며, 1971년에는 여성에게 선거권도 부여했다고 합니다.

제르마트 인구는 약 5,700명, 조그마한 마을에 호텔은100여 개나 있습니다. 마을 중앙으로 흐르는 비스파 개울은 마을을 남북으로 양분합니다. 대표적인 건물로는 마을 중앙에 있는 캐토릭 교회와 마을북쪽 산기슭에 있는 잉글리시 교회, 그리고 산악 박물관이 있습니다. 캐토릭 교회 앞뜰에는 마테호른을 등정하다 못다 핀 산악인들의 묘지가 있는데, 산악인들은 이곳에 묻히는 것도 영광이라고 합니다.

스위스의 전통마을 살레 가옥이 보전되고 있다는 고르너 그라트 산악열차 정거장 부근의 거리를 둘러보았습니다. 동화 속에 나올 법한 아담한 목조건물, 스위스 농가의 전형적인 가옥입니다. 대부분 3층 구조로 1층은 창고, 2층은 거실과 부엌, 3층은 침실로 사용합니다. 지붕은 집 크기에 비해 큰 편이고 넓은데, 모진 바람과 눈보라를 피하기 위한 것 같습니다.

세계 3대 미봉에 속한다는 4,478m 높이의 마테호른을 사진으로만 보다 실제로 대하니 감흥이 새롭습니다. 마테호른은 스위스와 이탈리아 국경에 있는 몬테로사 산의 주봉으로, 특이한 피라미트 형태의 명산입니다. 스위스에서는 '마테호른', 이탈리아에서는 '몬테 체르비노', 프랑스에서는 '몽 세르뱅'이라고 합니다. 정복을 당하면서 각기 다른 이름으로 불렸기 때문입니다. 아이거, 그랑드조라스와 함께 스위스 3대 암벽인 마테호른은 경사가 가파르고 강풍과 낙석이 위험하기로 유

232

명합니다. 스위스에서 10번째로 높은 마테호른은 1865년부터 2014년까지 500여 명이 숨졌으며 매년 10여 명이 등산 중 사고를 당하는 곳입니다.

알파인 산악 박물관에 들렀습니다. 피라미드 모양의 박물관 외형은 두꺼운 특수 유리로 되어 있습니다. 지하에서 방영하는 마테호른 정복 흑백영화를 통해 당시의 산장 모습과 그 시대 생활모습을 엿볼 수 있습니다. 그리고 150여 년 전 초등자들의 옷가지와 로프, 소지품이 전시되어 있습니다.

로트호른 파라다이스 전망대

마테호른의 멋진 경관을 구경하며 최고의 사진을 담을 수 있다는 로트호른 전망대로 이동합니다. 제르마트 기차역에서 보도로 5~6분 걸리는 로트호른으로 출발하는 지하 케이블카 정류장입니다. 케이블카 입구로 들어가서 지하도로 2~3분 걸어 45도 각도로 주차된 케이블카에 올랐습니다. 케이블카는 4분만에 수네가 파라다이스 역에 도착합니다. 그곳에서 4인용 곤돌라로 갈아타고 블라우헤르트 2,517m 역에서 내려 다시 다른 케이블카로 옮겨 타고 약 16분 정도 오르니, 로트호른 파라다이스 전망대에 도착합니다. 지하 케이블카, 곤돌라, 지상 케이블카, 3종류의 케이블카를 이용하여 로트호른 파라다이스 전망대에 오른 것입니다.

또 하나의 감동적인 풍경을 카메라에 담았습니다. 전망대에서 바라본 주변 설경은 혼자 보기에는 아까울 정도로 아름답습니다. 흥에 겨워 절로 콧노래가 나올 정도로 마테호른 주변 풍경은 아름답습니다. 한동안 눈앞에 펼쳐진 명산을 바라보며 무한한 행복감을 느낍니다. 그저 보고 있는 것만으로도 가슴이 벅찹니다. 영화나 사진으로만 보아오던 그 아름다운 풍경이 바로 내 앞에 있습니다.

케이블카를 타고 내려오는 길에 블라우헤르드 역에 내렸습니다. 제르마트에서 유명하다는 호수길입니다. 마테호른을 바라보며 슈텔리 호수, 그린드예 호수, 그뤼엔 호수, 무스이예 호수, 라이 호수를 두르며 걷는 트레일입니다. 2시간 정도 수정같이 맑은 5개 호수를 걷고 있자니 마음도 덩달아 맑아지는 것 같습니다.

브라이트호른 트레일 5.4km 4시간

샤모니에서 이루지 못한 몽블랑 등정의 꿈을 제르마트의 브라이트호른(Breithorn, 4,164m) 알파인 등반으로 만족하렵니다. 알파인 등반은 빙하와 암벽이 있어 전문 등반인들이 즐기는 트래킹입니다. 제르마트 알핀센터에 알파인 등반 일정을 알아보고 그곳에서 주관하는 브라이트호른 알파인 등반에 참가하였습니다. 그리고 설산 등반에 필요한 크램폰, 아이스바일, 헬멧, 밧줄, 특수장갑, 방한복을 시내 장비점에서 대여하였습니다.

유럽에서 제일 높은 전망대라는 마테호른 그레이셔 파라다이스로 이동합니다. 마을 윗편에 있는 케이블카 승강장에는 이른 아침부터 스키 선수들이 많습니다. 8인승 곤돌라를 타고 7~8분만에 퓨리역 1,876m에 도착합니다. 퓨리역에서 곤돌라는 트로케너 슈테그와 슈바르체제의 두 방향으로 나누어집니다.

우리 일행은 퓨리역에서 리프트를 갈아타고 2번째 정거장인 트로케너 슈테크 정거장에서 내려 마테호른 글레이셔로 향하는 3번째 대형 곤돌라에 올랐습니다. 30여 명이 탈 수 있는 대형 곤돌라 이용자는 대부분 스키 선수들입니다. 스키 선수에게 말을 걸었더니, 독일에서 하기 훈련차 왔다고 하며, 그들 일행 중 두 명은 국가대표 선수랍니다.

케이블카 입구에서 출발한 지 40여 분 만에 유럽에서 가장 높다는 글레이셔 전망대에 올랐습니다. 이곳에서는 알프스 최고봉인 몽블랑을 비롯하여 4,000m 봉우리 38개를 연이어 볼 수 있습니다. 3,800m 클레인 마테호른 출발점에서 하얀 눈발이 바람에 가볍게 날리는 싸라기 눈밭은 숨이 막힐 듯 아름다운 설경입니다. 앞서가는 가이드가 까마득하게 보이는 주변의 봉우리를 하나하나 설명해 주었습니다. 이탈리아 국경 몽블랑, 마테호른 남면, 당블랑쉬, 오베 그아벨호른……. 짙푸른 하늘 아래 명산들을 바라보며 눈길을 헤쳐 나갑니다.

사방이 눈으로 덮인 설원을 1시간 정도 걷다 오르막 설원 지점에서 일행은 숨을 고르며 쉬었습니다. 크램폰을 착용하고 밧줄로 서로를 연결하여 6명이 한 조가 되었습니다. 뒤따르던 6인조 일행도 합류하였습

니다. 그런데 덴마크 중년 여성이 발목을 다쳐 더 이상 걷지 못하겠다고 포기하자 가이드 한 명이 그녀를 돕기 위해 남고, 우리 팀은 뒤따르던 일행과 합쳐져 10명이 되었습니다.

오르막 설산 트레일에서 가장 중요한 것은 협동정신입니다. 밧줄로 서로를 연결하였습니다. 오르막 트레일에서는 서로의 밧줄이 늘어지거나 땡기지 않도록 상호 책임이 있습니다. 힘들더라도 협력하여 발을 맞추어야 합니다. 앞사람과 4m정도의 간격을 지키고 걷다가 멈추면 밧줄이 당깁니다. 이럴 때는 대열에 빠져 혼자 걷고 싶으나, 이는 아주 위험한 발상입니다. 지그재그 설산에서 앞서가는 사람과의 거리를 유지한다는 것은 마치 어린 시절 운동회 때 서로의 발을 묶고 달렸던 것과 같은 팀워크가 필요합니다. 몬테로사 설산을 정면으로 보며 걷다구령도 격려가 될 것 같아 내가 카운트를 하였습니다.

"아인스(하나), 츠봐이(둘), 드라이(셋)!"

독일어로 하였더니 일행에게도 격려가 되었는지 발길이 가볍습니다. 스위스는 프랑스와 독일 영토로 오락가락해서 독일어가 인기입니다. 좌우로는 아찔할 정도의 설벽이 내려다보여 아찔하게 현기증이 나, 앞사람 바자국만 보고 걷습니다. 숨이 차오르니 말하는 것도 힘듭니다. 내 그림자도 나를 따라 힘겹게 오릅니다. 그때 영국 청년 매슈가 가쁜 숨을 들이쉬며 두 박자 느리게 카운트를 합니다.

1시간 정도 오르다 두번째 휴식을 하였습니다. 한동안 이를 악물며 참고 또 견디며 걷는데, 가이드가 정상이라고 소리쳤습니다. 높은 설

237

산을 오르는 사람들은 두려움을 어떻게 극복하고 오르는지 존경스럽습니다. 정상에 올라 숨을 고를 틈도 없이 사방을 둘러보았습니다. 사방이 온통 하얗습니다. 발아래로 마테호른이 까마득하게 보입니다.

한여름에 광활한 은빛 설원에 우뚝 서 보니 아름다운 자연의 향기가 내 가슴으로 밀려듭니다. 일행은 로프를 풀었습니다. 피켈을 눈 속 깊게 박고 배낭을 걸었습니다. 반시간 정도를 쉬는 동안 일행의 눈에서는 감격의 눈물 자국이 보였습니다. 감탄할 만한 이 경치! 영원히 내 가슴에 품고 싶습니다. 팀 리더의 그을린 입술과 눈매에서 강인한 삶이 돋보였습니다. 일행은 서로 껴안고 고생을 함께해 본 사람들만이 느끼는 성취감을 맛보았습니다. 모험과 도전을 같이했던 알파인 팀원들! 대자연에서 4시간의 우정은 영원히 함께할 것입니다. 벨지움에서 왔다는 알레시아는 오늘의 감격을 일기장에 남겨 어려울 때마다 오늘의 트래킹을 연상하겠다고 합니다.

고르너그라트 전망대

이른 아침, 고르너 그라트 전망대로 오르는 톱니바퀴 산악열차에 올랐습니다. 100여 년의 역사를 가진 산악열차는 폭포를 지나 핀델바흐, 리펠알프, 리펠보덴, 리펠베르그, 로텐보덴, 그림 같은 바위산을 오릅니다. 주변의 빙하와 설산이 아이스맥스 영화처럼 다가옵니다. 35분쯤 걸리는 3,089m 높이의 고르너그라트 전망대는 마테호른 북쪽 절벽이 정면으로 보이는 전망대입니다. 왼쪽부터 차례대로 클라인 마테호른 3,883m, 브라이트 호른 4,164m, 스위스 최고봉인 몬테로사 4,634m, 그리고 4,000m급 29개의 하얀 연봉들이 꼬리를 물고 있습니다.

고르너그라트 전당대 북방을 1시간 정도 걷고 내려오다 로텐보덴 역에서 내렸습니다. 내리막 경사 트레일로, 리펠호수를 보고 걷습니다. 호수에 비친 마테호른의 모습이 더없이 아름답습니다. 사진기에 추억을 담고 로트호른 트레일로 조금 걸어가니 갈림길이 나왔습니다. 어느 방향으로 가도 리펠베르그로 가지만, 왼쪽길은 돌아가고 오른쪽은 지름길입니다. 갈림길에서 오른쪽으로 작은 언덕을 지나니 사방이 활짝 트여 사진 담기에도 좋습니다.

트레일 도중 산을 즐길 줄 아는 사람들을 만났습니다. 시드니에서 온 중년의 의사와 토론토에서 왔다는 중년의 여성과 동행하게 되었습니다. 시드니 의사는 건강을 위해 매년 2주일 단기 트래킹을 다닌다고 합니다. 걸으면 600여 개의 근육과 200여 개의 뼈가 움직여 보약보다 좋다고 합니다. 사고력 감퇴도 예방하고, 기억력과 창의력도 증진된다고 하는데, 치매와 뇌졸중도 예방한다는 연구 결과도 나왔다고 합니다.

캐나다 토론토 여성은 몇 년 전 자동차 사고를 당해 남편과 사별을 한 이후로, 세상이 두려워 마음의 문을 닫고 지냈답니다. 그러던 중 담당의사의 권유로 트래킹을 시작한 후 슬픔을 툭툭 털었다며 트래킹 예찬론을 펼쳤습니다. 그녀는 절망적인 삶에서 알프스를 가슴으로 즐기며 새로운 삶을 발견하였다고 합니다.

239

그들은 트래킹을 통해 '변화'라는 도전을 하는 사람들이었습니다. 두 발로 즐기는 트래킹은 마음의 여행이며 평범함에서 벗어나 무언가 변화를 얻는 여행입니다. 그리고 우리의 삶에서 변화라는 것은 바로 '성숙'을 의미합니다.

인터라큰

체르마트에서 산악열차를 타고 푸른 초원과 호수가 펼쳐지는 스위스의 중부도시 인터라큰에 도착하였습니다. 툰 호수와 브린쯔 호수 사이에 위치한 작은 도시지만, 스위스 중부 지역에서는 가장 많은 관광객이 찾는 곳입니다. 인터라큰은 스키와 하이킹 천국으로 일년내내 지구촌 관광객이 끊이지 않는 곳입니다. 인터라큰에서 가장 대표적인 트래킹 코스 중 하나는 쉬니게 프라테, 피르스트 호숫길 트래킹입니다.

그린델발트행, BOB 산악 열차에서 스위스 청년과 같은 좌석에 앉았습니다. 그가 한국말로 인사를 하기에 어떻게 한국말을 배웠냐고 물었더니, 자기는 정식 자격증을 가진 가이드라고 합니다. 국립 등산학교에서 6년 과정의 이론과 실기를 마치고 국가시험에 합격한 후, 4년간 한국 여행사와 일을 하면서 한국어를 배우게 되었답니다. 그는 12월부터 4월까지는 스키 강사, 7~8월은 산악 가이드, 나머지 시간은 도시에서 유적 가이드를 한다고 합니다.

스위스는 경상도 정도의 크기입니다. 주변으로 독일, 이탈리아, 프랑스, 오스트리아의 힘을 견제하고 개방정책으로 어느 나라도 차지할 수 없는 중립정책을 택했다고 합니다. 그리고 깨끗한 정치인들이 국민을 위한 정책을 펼친다고 합니다. 그들은 피와 땀으로 아름다운 자연을 가꾸었습니다. 높고 넓은 초지에 소를 방목하면 정부에서 보조금을 받습니다. 축사 시설을 단장하고 양과 가축을 사육해도 보조금이 나옵니다. 소를 방목하는 산비탈의 경사도에 따라 보조금도 차등 지급됩니다. 높은 산에서 사육하면 보조금이 많다는 말입니다. 그러다 보니 자연도 덩달아 아름다워집니다. 스위스는 대학 진학율은 낮지만 직업교육 훈련이 잘되어 있다고 합니다.

그린덴발트역이 가까워지자, 즐거운 여행이 되라며 두 손을 합장하고 기도까지 해 주었습니다. 처음 만난 사람에게 기도까지 해 줄 수 있는 그의 친절이 스위스 여행의 추억 속에 친절함과 상냥함으로 오래도록 간직될 것 같습니다.

241

그린델발트

그린델발트 산악마을은 인터라켄에서 동쪽으로 반시간 거리에 있는 마을입니다. 인구 3,700여 명의 마을은 묀히 4,099m, 아이거 3,970m, 융프라우 4,158m의 산군으로 둘러싸여 있어 산악인들의 베이스캠프 같은 곳입니다.

조용한 알프스 중턱에서 맞이하는 아침은 마치 1960년대 불국사의 아침같이 고요합니다. 그린델발트의 아름다운 마을 풍경을 담기 위해 일찍부터 밖으로 나갔습니다. 마을 앞에 아이거 산이 우뚝 솟아 있어 대부분의 호텔에서 아이거 북벽을 한눈에 볼 수 있습니다.

마을 앞, WAB 융프라우 등산 열차에 올랐습니다. 스위스 특유의 전통 가옥들과 초원을 거슬러 높이 올라가니, 구름 덮인 알프스 산자락에서 소방울 소리가 들렸습니다. 아이거 북벽의 산기슭에 있는 클라이네 샤니덱 정거장에서 JB 기차로 갈아탔습니다. 아이거, 묀히의 암벽을 뚫고 1996년 6월에 오픈한 세계에서 가장 높은 기차역입니다.

첫 번째 역인 아이거글레처를 지나 암벽을 깎아 뚫은 7㎞의 터널 속으로 들어갑니다. 달리던 기차가 터널 안에 있는 아이거반트역과 아이스메어 역에서 각각 5분 정도 정차하였습니다. 바위틈 관측창문으로 밖을 볼 수 있는 곳입니다. 위로는 가파른 아이거 북벽이, 아래로는 까마득하게 보이는 그린델발트 마을의 모습이 들어옵니다. 아이거 북벽을 관통하는 터널을 지나 유럽에서 가장 높다는 해발 3,454m의 융프라우요흐에 도착합니다.

신비로움이 감도는 융프라우 전망대에 서자, 융프라우, 묀히, 아이거와 알프스 빙하의 세계가 눈앞에 펼쳐집니다. 아치형 지붕의 아름다운 얼음궁전을 한 바퀴 둘러보자, 제일 먼저 여기저기에 전시되어 있는 각종 얼음 조각상들이 눈에 들어옵니다. 상상력을 자극하는 신비로운 동굴입니다. 동굴에는 당시의 철로 굴착 장비들이 전시되어 있어, 마치 탄광 박물관 같은 느낌을 받았습니다.

그리고 전시장 주변에는 기념품, 음식점, 캐프테리아, 편의점들로 채워져 있습니다. 스위스인들이 산악철도에 쏟은 꿈과 노력을 한눈에 목격할 수 있는 곳입니다. 무지개 얼음 동굴을 걷는 느낌은 마치 수천 년의 세월 속으로 여행을 하는 듯한 기분입니다.

슈핑스 엘리베이터를 타고 108m 더 높은 곳에 있는 슈핑스 테라스 3,571m 전망대로 이동합니다. 엘리베이터 속도가 얼마나 빠른지 단 25초에 108m 위의 전망대에 올랐습니다. 코앞에는 세계에서 제일 길다는 알레치글레처 22㎞ 빙하가 펼쳐졌습니다. 서쪽은 프랑스, 남으로 이탈리아, 북으로 독일, 사방이 얼음 바다입니다. 깎아지른 절벽 위에 세워진 슈핑스 3,571m 전망대는 천문이나 지질연구를 하는 곳으로, 일반인이 들어갈 수 없습니다.

피르스트 트레일 5시간

그린델발트 주변에는 70여 개의 트래킹 코스가 있습니다. 그중에서 대표적인 트래킹 코스 중 하나는 피르스트 트레일입니다. 그린델발트 시내에서 6인승 케이블카를 타고 보르트 1,570m, 쉬렉필드 1,955m, 피르스트 2,168m, 전망대까지는 25분이 걸립니다. 케이블카에서 바깥을 내려다보니, 넓은 초원과 아담한 스위스 전통가옥, 평화롭게 떠도는 무리의 소, 구름과 설원, 모두가 낭만적으로 보입니다. 동쪽 계곡 위로 베테호른, 아이거, 슈렉호른, 묀히, 융프라우, 알프스의 설봉들이 보입니다. 융프라우 지역에서 전망이 좋다는 곳입니다.

피르스트 전망대에서 바흐알프 2,265m 호수까지는 완만한 경사길을 2㎞ 정도 걷습니다. 초원과 야생화, 순한 눈망울과 몸집이 커다란 젖소들이 평화롭게 거니는 곳을 지나갑니다. 트레일 주변에는 이름 모를 작은 야생화가 눈길을 끕니다.

1시간쯤 걸었을까, 두 개의 호수가 나왔습니다. 바흐알프 2,168m의 호수에는 사진작가들이 호수를 배경으로 융프라우 산군을 담느라 분주하였습니다. 융프라우 영봉들이 호수위에 비쳐 더없이 신비롭습니다. 아이거의 산군이 호수를 배경으로 품어내는 자연의 향기는 호숫물에도 파고들었습니다. 호수 풍경과 아이거 산군의 아름다운 풍경에 감동되어 그 파장이 가슴속으로 파고듭니다. 호수를 배경으로 사진을 담아 보지만, 해를 마주하고 찍는 역광이라 좋은 사진을 담을 수가 없었습니다.

아쉬운 마음을 뒤로한 채 바흐알프 호수에서 가파르게 이어지는 폴호른 2,681m 트레일은 호수를 돌아 가파른 언덕길로 1시간 정도 오릅니다. 가파른 언덕길을 오르다 고갯마루에 있는 소들이 쉬는 쉘터에서 뒤돌아보니, 융프라우의 설산이 한눈에 들어옵니다. 계속해서 높은 폴호른 산 정상으로 이어지는 언덕길을 숨을 몰아쉬며 올랐습니다.

폴호른 정상에는 간이음식점과 산장이 있습니다. 식당 뒤 언덕에는 대형 스위스 국기가 휘날리고, 인터라켄의 상징인 툰 호수와 브린쯔 호수가 멀리 내려다보입니다. 주변은 수천 길 절벽이지만 안전장치도 없습니다. 트레커들은 하늘을 벗 삼아 긴 휴식을 취합니다.

풀호른에서 부스알프로 이동합니다. 트레일은 킥백을 하며 경사가 심한 내리막길입니다. 아이거와 묀히, 그린델발트 마을을 바라보며 걷는 초원길로, 초원 산등성이의 오두막, 초원을 거닐며 호강하는 소 등 그림 같은 경치가 펼쳐지는 곳입니다. 두어 시간 초원길을 걷다 포장도로가 나오는 곳이 부스알프 1,800m입니다. 이곳에서 시내버스를 이

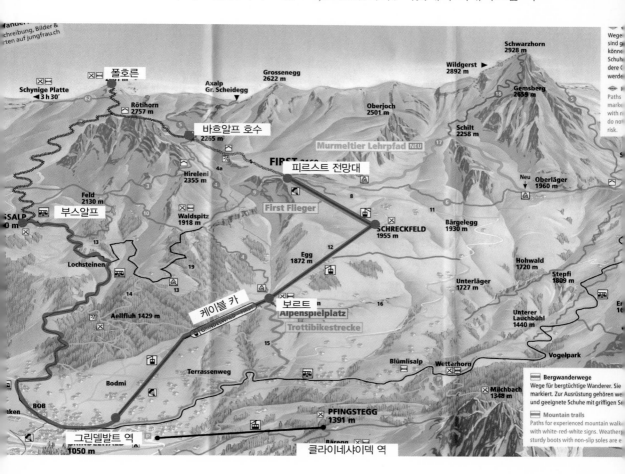

용하면 그린델발트 시내까지 30~40분 거리입니다.

아이거는 빙하와 빙벽, 깎아지른 바위절벽, 지구촌 등반가들의 열정적인 도전의 장소입니다. 또한 드라마 같은 비극의 역사 또한 간직하고 있는 곳입니다. 아이거 북벽은 해발 3,970m, 경사 70~80도로, 그리 높지는 않지만 급변하는 기후로 오르기 힘든 곳입니다. 그래서 1935년부터 2013년까지 이곳에서 60여 명의 전문 클라이머들이 운명하기도 했습니다.

노드반드 캠프장

그린델발트 역에서 보도로 20여 분 거리인 그린델발트 아이거 노드반드 캠프장에서 캠핑을 하였습니다. 1인용 텐트는 10유로, 2인용 텐트는 12유로입니다. 그리고 텍스를 4유로 받습니다. 유럽의 관광철은 호텔 예약이 쉽지 않아, 캠프장을 이용합니다.

캠프장에서 코앞에 보이는 아이거 북벽은 '알프스의 공동묘지'라는 별명을 가지고 있습니다. 무시무시한 죽음의 벽이라 불리는 아이거 북벽은 다른 지구촌 암벽과는 많이 다릅니다. 날씨도 안 좋고 낙석과 낙빙이 많으며 암벽의 상태가 수시로 변하는 곳입니다.

이른 아침 노드반드 캠프장은 구름 속에 갇혔습니다. 6시 30분경 아침 해가 산등성이를 살짝 비추었으나 아이거는 아직 단잠에서 깨어나지 않더니, 20여 분이 지나자 정상이 빨갛게 물들기 시작하였습니다.

밤새 아이거글레처 터널역 창문으로 새어 나오는 불빛이 신비롭게 빛
났습니다.

돌로미테 101 트레일
─ 이탈리아

스위스의 인터라큰을 떠난 기차는 취리히(쯔릭)를 거쳐 오스트리아의 인스부르그 철도역에 도착하였습니다. 인스부르그에서 이탈리아 북동부 돌로미테로 가는 버스편이 있다는 기행문을 읽었는데, 사실이 아니었습니다. 인스부르그에는 시외 버스가 없었던 것입니다. 오스트리아 국경마을 브레네로 가는 기차에 올랐습니다. 인스부르그에서 브레네로 국경 마을까지는 30여 분이 걸립니다. 포트레쟈라는 이탈리아 국경 마을에서 이탈리아 기차로 환승한 후, 산악 지대와 평화스러운 평지를 지나 돌로미테의 도비아코 역에 도착하였습니다. 인스부르그 ─ 브레네로 ─ 포트레쟈 ─ 도비야코까지는 3시간 거리입니다.

도비야코는 해발 1,230m, 이탈리아의 북동부 마을입니다. 인구 3,300여 명 가운데 독일계 주민이 80%를 차지하며, 돌로미테의 관문입니다.

신성 로마제국 당시 이곳은 로마영토였으나, 제국이 무너지고 독일 게르만 민족의 후예인 오스트리아, 헝가리가 이곳을 자국 영토로 편입시켰습니다. 그러다 1차 세계대전이 끝나고 이탈리아가 다시 지배하게 되었습니다. 이곳은 구스타프 말러(1860~1911)가 교향곡 9번을 작곡했다는 오두막이 있습니다. 쓸쓸한 마지막 생애를 그는 이곳에서 맞이한 것입니다. 작은 마을이지만 주위 산세와 풍경이 빼어난 국경마을입니다.

도비아코역에서 코르티나 담페초행 버스에 연결된 트레일에는 60~70대의 자전거가 실렸습니다. 버스에 연결된 트레일에 자전거를 담고 다니는 이색적인 풍경을 목격한 것입니다. 돌로미테는 자전거 도로가 거미줄처럼 연결되어 있어 어디든지 이동할 수 있기 때문에 자전거 여행객이 많습니다. 겨울에는 스키, 여름에는 트래킹과 자전거 여행자들의 천국입니다. 도비야코에서 코르티나 담페초까지는 높고 낮은 아름다운 산과 호수를 지나 40여 분이 걸립니다.

돌로미테는 코르티나 담페즈를 중심으로 동부 돌로미테와 서부 돌로미테로 나눕니다. 돌로미테 중에서도 초토파나디 로제스, 트리치메 디 라바레도, 돌로미테 최고봉이 있는 마르몰라다가 유명합니다.

돌로미티 산군에는 3,000m가 넘는 18개의 암봉과 40여 개의 빙하가 숨겨져 있습니다. 1956년 동계 올림픽을 치렀으며, 2009년 유네스코 세계자연 유산으로 지정된 곳입니다. 인구 2,000여 명의 작은 도시지만, 스키 시즌에는 16,000여 명을 수용할 수 있는 국제적인 관광마을입니다.

코르티나 담페초 – 로카텔리 산장 4시간

돌로미테 국립공원 내에서는 야영이나 취사를 금지하고 있으며, 공원 내 산장은 이탈리아 알핀클럽에서 운영합니다. 산장 식당에서는 식사를, 그리고 산장에서는 담요를 제공합니다. 코르티나 담페초는 마을 어느 곳에서나 돌로미티의 독특한 경관을 감상할 수 있습니다.

이른 아침, 오론조 산장으로 떠나는 버스에 몸을 실었습니다. 버스는 지그재그 오르막 포장도로를 30여 분 달려 미수리나 호수에서 잠시 정차하였습니다. 미수리나 1,866m 호수는 소라피스 산군 앞에 있는 호수로, 돌로미티 지역에서 가장 큰 규모와 아름다움을 자랑합니다. 1956년 동계 올림픽 때에는 스피드 스케이팅 경기장으로 사용되었으나, 지금은 지구 온난화로 인해 호수가 얼지 않는다고 합니다.

미수리나 호수를 벗어난 버스는 국립공원 입구를 통과해 20여 분 만에 오론조 2,320m 산장 파킹장에 도착하였습니다. 돌로미테 전체 트래킹 구간에서 제일 빼어난 3개의 거대한 수직 암벽이 솟아 있는 곳입니다. 코르티나 담페초에서 트래킹 시작점인 오론조 산장까지는 버스로 40분 거리입니다.

트레커들은 이태리 알핀 클럽에서 운영하는 산장을 이용합니다. 여름, 겨울, 관광철 예약은 필수입니다. 이태리 국민 85%가 로마 캐토릭 신자이기 때문에 성모 마리아의 수태고지 축일 8월 15일을 전후로 예약이 힘듭니다. 이태리 페라고스트 경축일에는 대부분의 공장이나 회사

250

가 일주일간 휴식을 하기 때문입니다.

　오론조 산장 트레일 입구에서 잘 다듬어진 트레일을 따라 본격적인 산행을 시작합니다. 트레일 초입부터 돌로미테의 빼어난 자연경관이 가슴을 울립니다. 기기묘묘하게 솟은 수직바위 침봉들이 사방에서 눈길을 사로잡습니다. 그림같이 솟은 바위 봉우리 트리치메 남봉을 끼고 30여 분 걸으면, 라바레도 2,344m 산장에 도착합니다.

　라바레도 산장 갈림길에서 로카델리 산장은 101번, 센지아 산장 방

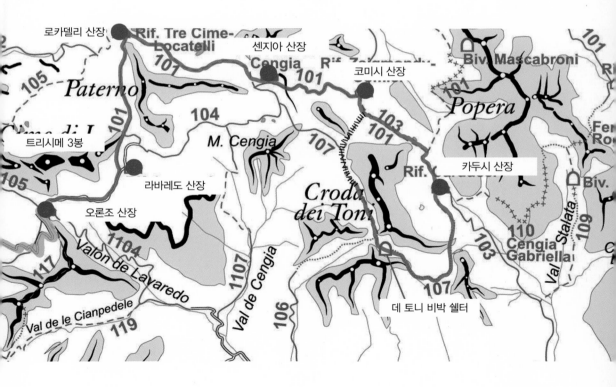

향은 104번입니다. 101번 로카델리 산장길은 트리 치메 산봉을 좌측으로 끼고 오르는 급경사 트레일입니다. 가파른 킥백 트레일은 돌이 굴러 내려 주의를 요하는 곳입니다. 가파른 언덕길을 30여 분 오르면 돌로미티의 연봉들이 한눈에 들어옵니다. 돌로미테에 숨겨진 보물 같은 트리시메의 거대한 암벽은 어디에서도 볼 수 없을 만큼 독특하여 가히 신의 손이 빚은 자연 중의 자연이라 칭할 만합니다.

쏟아지는 햇살을 받아 눈부신 광채를 발산하는 운치 있는 트레시메 디 라바레도 돌기둥 바위에 반해 잠시 백팩을 내려놓고 긴 휴식을 취하였습니다. 자연에서 마음의 평안을 찾습니다. 마음에 평안이 들어오니, 보는 것도 황홀해집니다. 로카델리 산장으로 이어지는 101번 트레일 우편으로 파튼코펠 산군 2,744m, 정면으로 로카델리 산장 2,405m, 뒤로는 트레시메 2,999m, 좌편은 활짝트인 풍경이 펼쳐집니다.

돌로미테를 대표하는 트레시메 디 라바레도는 알프스 6대 북벽의 하나입니다. 중앙의 치마 그란데 2,999m, 동쪽의 치마 피콜라 2,857m, 서쪽의 치마 오베스트 2,973m, 3개의 봉우리가 같은 몸통으로 연결되어 있습니다. 중앙에 위치한 최고봉은 1869년과 1933년 이탈리아의 국민적인 산악영웅들에 의해 초등되었습니다. 산악인들의 눈물과 땀이 서린 봉우리들입니다.

멋있고 아름다운 트레일로 들어서면 누구든지 걷고 싶습니다. 지금 내가 걷고 있는 길이 바로 그런 길입니다. 깊은 산으로 백팩을 하지 않는 사람은 알피니스트를 이해하기 어려울 때도 있을 것입니다. 산을 넘고 호수를 건너 높은 산을 오르면 멋진 풍경을 볼 수 있는 기회가 많습니다. 멋진 풍경은 감동을 일으켜 마음의 창문을 열어 줍니다. 그리고 그 창문으로 행복한 삶을 보게 해 줍니다.

　로카델리 산장은 3층으로 설계되어 있습니다. 일층은 일반 식당과 그룹식당, 2층은 남녀유별 도미터리, 3층은 혼합 도미터리입니다. 산장 본관 건물 앞 소형건물은 VIP고급 도미터리입니다. 그리고 기도를 할 수 있는 아담한 건물도 따로 있습니다. 산장 뒤 내리막길 102번 트레일에는 아담한 호수 두 개가 있습니다. 호수 주변으로 방목하는 소들이 호숫가를 자유롭게 거닐며 호강을 합니다. 호수 주변 초원의 농가에 방목하는 소에서 울려 퍼지는 정겨운 소방울 소리가 이곳 산장에까지 들립니다. 어린애 머리만 한 소방울에서 울려 퍼지는 소리도 이색적인 향기로 기억됩니다. 호수 아래로 이어지는 102번 트레일로 1시간 40분 거리에 폰도계곡이 있으며, 3시간 거리에 세스토와 섹스톤 지역으로 이어집니다.

로카텔리 산장 — 코미시 산장　4시간

　코 고는 소리에 시달리다 잠을 자고, 새 소리에 잠을 깼습니다. 이른 아침 5시, 대지는 숨을 죽인 채 아직 깊은 잠에서 깨어나지 않은 시각입니다. 산장 3층은 20개의 2층 벙커베드에 40여 명이 혼숙을 합니다. 담요가 제공되지만 밤에는 기후가 떨어져 개인 침낭이 필요합니다. 대부분의 트레커들은 록 클라이머이며, 그들의 얼굴에는 열정이 고스란히 배어 있습니다.

트레시메 3개의 봉우리에 아침 해가 물드는 풍경을 담기 위해 서둘러 로카델리 산장 뒷산 중턱으로 올랐습니다. 아침 해가 솟아오르자 숨겨진 바위산들이 파노라마처럼 펼쳐집니다. 산장 뒤쪽 잔잔한 호수는 주변 암벽을 아름다운 무지개색과 함께 담았습니다. 나는 돌로미티 최고의 풍경을 마음껏 가슴과 카메라에 담았습니다.

로카델리 산장에서 코미시(Comici) 산장으로 가는 101 트레일은 끊임없이 새로운 풍경들이 펼쳐져 호기심을 자아냅니다. 황막한 퇴적암 트레일을 1시간 30분 정도 지나니 두 갈래 길에 서 있는 팻말이 보입니다. 좌편은 101, 103번, 우편은 104번 트레일입니다. 계속 101번 트레일로 10여 분 오르막 길을 넘어서니 센지아 산장이 나옵니다. 2층의 아담한 산장은 빨강, 하얀색으로 단장해 아담하고 산뜻합니다. 산장은 지구촌 트레커들로 앉을 자리도 없습니다. 산장 남쪽으로 돌로미티의 파노라마가 점점이 펼쳐 보입니다. 가까운 곳에 웅장하게 솟아 있는 스볼퍼코펠(Zwolferkofel) 3,094m의 돌산이 마치 산장의 이정표인 것만 같습니다.

주변의 산 중턱에는 1차 세계대전 때 사용했었던 동굴들이 눈에 띕니다. 신기한 마음에 동굴로 올라가 보았더니, 바위틈으로 연결된 참호, 돌로 구축된 식량창고, 화력과 방어면에서 우수한 전략적 요충지로 사용되었던 것으로 보입니다. 이곳에 기관총을 설치하여 적의 공격을 막는데 더없이 중요한 요지입니다. 아직도 역사가 살아 숨 쉬는 참호입니다.

돌로미테의 스카이라인은 톱날 모양의 뾰족한 첨봉들이 첩첩히 쌓인 풍경입니다. 높은 산을 넘을 때마다 바람결이 다르고, 떠돌던 구름조각도 높은 산봉우리에 걸터앉습니다. 산허리에 날던 새도 길을 잃었는지 계곡으로 내려앉습니다.

로카텔리 산장을 떠나 4시간 만에 코시미 산장에 도착하였습니다. 매일 다양한 문화의 지구촌 트레커들을 만납니다. 백팩에 맥주캔을 달고 가는 사람, 행그라이드 장비를 둘러메고 가는 사람, 모두가 자유스러운 분위기입니다. 코미시 산장 주변에는 6월 중순부터 9월 중순까지 핀다는 알프스의 장미 알핀로제가 주변을 빨갛게 물들였습니다.

코시미 산장 – 알피니스트아이그 트레일 – 센지아 산장 5시간

해 뜨는 장면을 담기 위해 오르는 새벽길, 코시미 산장 계곡의 맑은 물이 소곤대고 향긋한 알핀로제 꽃향기가 길을 밝힙니다. 스볼퍼코펠 (ZwolferKofel) 3,094m, 산 중턱을 1시간 정도 올랐습니다. 8월 중순이지만 트레일 중간중간 두꺼운 얼음이 깔려 있기 때문에 아이젠으로 지나간 발자국을 깊게 파고 조심해서 이동합니다.

해가 뜰 무렵, 주변의 계곡에는 정적만이 머뭅니다. 건너편 계곡에서 코시미 산장방향을 내려다보니 온통 구름바다입니다. 내가 오르는 산이 마치 구름 위에 떠 있는 섬 같습니다. 구름바다 위에서 아침 햇살을 머금은 첩첩 산봉들이 신비로움을 자아냅니다. 하늘을 걸어 다니는 구름의 비법이 돌로미테 어느 동굴 속에 마법처럼 숨겨져 있을 것 같습니다.

　고갯마루 아래 아담한 빙하 호수에서 암벽 클라이머 5명을 만났습니다. 그들은 카리버너와 메톨리우스 확보줄만 있으면 같이 갈 수 있다기에 그들과 동행하였습니다. 알피니스트아이그(Alpinisteig) 트레일은 암벽전문인들이 주로 찾는 곳입니다.

바위 절벽에 난 길을 따라 걷다가 20여 분 지났을 때, 갑자기 절벽 위에서 낙석 소리가 들렸습니다. 앞서가던 트레커가 다급히 헬멧을 착용합니다. 나는 가던 길을 포기하고 서둘러 돌아 나왔습니다.

아담한 빙하 호수에서 가파른 트레일을 10여 분 올라 포셀라 지랄바(Forcella Giralba) 고갯마루에 섰습니다. 고갯마루 동서로 연결된 티베트의 타르초가 바람에 펄럭입니다. 바람이 행운을 실어 세상 구석구석으로 날려 보낸다는 타르초입니다. 바람에 휘날리는 타르초를 보고 있자니, 에베레스트의 둘레길 촐라패스와 안나푸르나 둘레길 토롱패스가 연상됩니다. 타르초가 걸려 있는 고갯마루에는 좌편 동쪽으로 오르는 부드러운 101번 능선길과 남쪽의 코시미 산장으로 이어지는 103번 트레일, 두 갈래 길이 나옵니다. 103번 트레일로 20여 분 내려가 센지아 산장에서 배낭을 풀었습니다.

센지아 산장 역시 타르초가 세찬 바람에 휘날립니다. 산장 입구에는 1차 대전 때 사용하였던 기관총 탄피와 포탄 파편들이 유리박스에 담긴 채 전시되어 있습니다.

저녁 식사 후, 이탈리아 산악전문 트레커들과 자리를 같이하였습니다. 에베레스트 트래킹 이야기가 화제가 되었는데, 서로의 취향이 비슷하여 대화가 무척 흥미로웠습니다. 그들은 데이 토니 패스(Dei toni pass)를 넘는다고 합니다. 나도 넘어 보고 싶었던 곳이라, 그들과 동행하기로 하였습니다.

257

센지아 산장 - 데 토니 비박 쉘터 - 데이 토니 패스 - 코시미 산장 7시간

센지아 산장은 주변의 높은 돌산이 병풍처럼 둘러 있습니다. 이른 아침, 산장 밖으로 나가 보니 산장 아래 넓은 계곡은 구름바다입니다. 구름바다가 자연을 깨웁니다. 푸른 하늘, 하얀 구름 위의 산장은 별천지 같습니다. 구름바다 위로 오색 깃발의 타르쵸가 휘날리는 산장, 신선이 구름 위로 걸어올 것만 같습니다.

107번 가파른 내리막 트레일로 한 시간 정도 걷다 오르막길 앞에서 휴식을 하였습니다. 가파른 바윗길을 전문 산악인들과 같은 속도로 걷는 것은 아무래도 무리였습니다. 107번 트레일은 산마루를 넘고 또 넘는 알파인 트레일입니다. 비박 셸터를 지나 40여 분, 트레일 입구부터 3시간을 오르면 갈림길이 나옵니다. 좌편은 106번 트레일, 우편은 107번 트레일입니다. 107번 트레일인 클라이밍 트레일로 발걸음을 옮깁니다.

높은 고개를 넘을 때마다 돌로미티의 준봉들이 웅장하게 다가옵니다. 트리치메의 산봉이 주변의 산봉과 어울려 산세가 더욱 장엄합니다. 가파른 데이 토니패스 트레일은 걸어서 오른다기보다는 기어서 오른다는 표현이 더 맞습니다. 한여름인데도 트레일 정상은 눈과 얼음으로 덮여 있어, 아이젠이 필요합니다. 지난 3일간의 돌로미티 트레일에서 가장 힘든 코스입니다.

드디어 정상에 오르자, 저 멀리 산 아래로 코미시 산장이 보입니다. 가파른 킥백 내리막 트레일은 바위 조각과 모래가 뒤섞여 트레일 안쪽으로 걸어야 안전합니다. 트레일은 60도 각도의 경사면에 사암과 퇴적암이 흘러내리는 언덕입니다. 산세는 험하지만 돌로미테의 아름다운 계곡과 준봉을 한눈에 볼 수 있는 아름다운 트레일입니다. 돌로미테 트래킹을 마치고 오스트리아의 인스부르크로 이동합니다.

인스부르크

오스트리아 남서부 도시 인스부르크는 도시 중앙으로 인강이 흐르고 3,000m 알프스 산으로 둘러싸여 있습니다. 자연 경관이 빼어나 '알프스의 장미'라 불리는 교육도시입니다. 인구 11만, 오스트리아에서 5번째 큰 도시 인스부르크는 1964년, 1976년, 2번의 동계 올림픽을 개최한 곳이기도 합니다.

이곳에서 지나칠 수 없는 관광코스는 구시가지 한 건물의 발코니 지붕입니다. 2,598개의 동판을 금도금으로 치장한 지붕과 주변 건물에서 그들의 문화를 볼 수 있기 때문입니다. 황금지붕 건너편 시내가 한눈에 들어오는 56m 전망대로 올라갔습니다. 이곳은 13세기 때 소방서 망루로 쓰이던 곳으로, 전망대로 오르는 내부는 타원형의 좁은 계단으로 연결되어 있습니다.

전망대에서 내려다본 시가지는 생각보다 컸습니다. 어망처럼 얽힌

전찻길 모습이 60년대 서울역을 연상케 하였습니다. 인강 주변의 웅장한 교회, 화려한 왕궁 건축물, 귀족들의 저택들이 잘 보존되고 있는 도시입니다.

알프스 여행에 앞서 런던의 중요한 유적지 여행을 하였습니다. 영국 관광순위 1~2위에 든다는 런던타워와 런던타워브릿지를 둘러보는 데 6시간이 걸렸습니다. 11세기에 세워진 런던타워는 영국왕실의 궁전이었으며 요새, 감옥, 교도소, 사형장이었습니다. 현재는 영국왕실의 보물 보관창고겸 박물관으로 사용되고 있습니다. 눈부신 보석, 화려한 다이아몬드 왕관, 그리고 당시의 영국군 무기였던 갑옷과 투구가 진열되어 있습니다. 대표적인 빅토리아 건축양식으로, 화려하고 아름다웠으나 슬픈 역사가 깊숙이 숨어 있습니다.

런던타워와 타워브릿지를 둘러보고 2층버스 관광투어를 하였습니다. 템즈강변의 독특한 건물들이 관광객들의 눈길을 끌었습니다. 런던아이 135m 정상에서 바라본 런던시의 모습은 과거의 대영제국 모습을 보는 듯 웅대하였습니다. 버킹엄 궁전, 세계의 박물관인 대영 박물관, 영국 의회정치의 전당인 국회의사당은 중세의 시간 속으로 빠져들기에 충분했습니다.

하루는 런던 시내 중심에 자리잡은 트라팔가 광장을 둘러보았습니

260

다. 영국의 영웅 넬슨제독이 트라팔가 해전에서 프랑스에 승전한 기념 광장입니다. 대영제국은 하루아침에 이루어진 것이 아니라, 그 이면에는 나라를 아끼고 나라를 지키려는 그들의 의지가 있었습니다. 대영박물관에 들렀습니다. 세계에서 수집한 8백만 점의 귀중한 문화재들로 가득 차 있었습니다. 고대 이집트 문화의 로제타 스톤, 그리스의 비너스 조각상, 이집트의 미라……. 역사가 숨 쉬고 있는 도시에서 역사를 배우다 보니, 런던이 더욱 아름답고 찬란해 보였습니다. 세계의 역사를 바꾼 그들의 문화에 깊은 감명을 받았습니다.

쯔릭(취리히)

오스트리아 인스부르그를 떠난 기차는 3시간 40여 분 만에 스위스 제1도시, 쯔릭 중앙역에 도착하였습니다. 그들은 '취리히'를 '쯔릭'으로 발음하는데, 쯔릭 구 시가지에 위치한 중앙역은 하루 2,900편의 열차가 드나드는 세계에서 가장 번화한 철도역입니다. 인구 37만 명으로 스위스 최대의 도시이며, 경제 중심지입니다.

도심 남북을 관통하는 리마트 강변에는 중세의 건물과 사적지들이 늘어서 있습니다. 중앙역 앞 중심가, 번화한 반호프 거리를 2㎞ 정도 천천히 걸어 보았습니다. 역에서 가까운 거리에 스위스의 교육자이자 사상가인 '페스탈로치' 동상이 서 있었고, 좌우로 보석점, 패션 의류점, 은행, 카페 등 쇼핑의 중심지였습니다.

리마트 강변에는 12세기에 건설된 그로스민스터 성당과 11세기에 건설된 프라우 민스터 성당이 리마트 강을 사이에 두고 마주 보고 있습니다. 특히 그로스민스터 성당의 2개의 독특한 탑이 인상적입니다. 성당 내부의 스테인드글라스는 프랑스의 예술가 샤갈이 성서를 주제로 그린 그림으로 유명합니다.

그로스민스터 성당 앞 리마트 강변에 칼을 빼어든 큰 동상이 있습니다. 스위스의 유명한 종교개혁자 '츠빙글리'입니다. 그는 1529년부터 임종 때까지 이 성당에서 설교를 하였다고 합니다. 프라우 민스터 성당 가까이에 위치한 유럽에서 가장 큰 세인트 피터 교회에는 대형 탑시계가 있고, 쯔릭 호숫가에는 거대한 로렉스 꽃시계가 있습니다. 꽃시계 속에서 정교한 메카니즘으로 풍기는 로렉스의 숨소리가 들리는 듯 하였습니다. 호수변의 크루즈 관광, 도시의 트램관광을 통해 리마트 강변에서 또 다른 추억을 만들었습니다. 호반의 도시 향기가 마음 한 구석을 메워 주었습니다.

쯔릭 도시를 관통하는 리마트 강을 따라 걷다 보니 여자들만 보이는 수영장이 보입니다. 무심코 사진을 담는데, 지나가는 노신사가 방긋 웃습니다. 리마트 강 중앙에 있는 수영장이 이채로워 노신사에게 물었더니, 이 수영장은 여성 전용으로 '프라우엔바디'라고 합니다. 그리고 야릇한 웃음과 함께 좋은 여행이 되라는 격려의 말도 잊지 않았습니다.

어느덧 저녁노을이 호숫가를 붉게 물들였습니다. 음악과 그림을 볼 수 있는 예술의 거리, 철학이 있는 도시에서는 호숫가에 평화롭게 떠도는 백조, 정다운 연인들의 속삭임도 행복해 보입니다. 머리 위로 별이 쏟아질 때까지 호숫가를 걷고 또 걸었습니다.

알프스 산행은 내 삶에 잊지 못할 활력과 경이로움을 안겨 준 여행입니다. 26일간의 알프스 트래킹을 마치고 쯔릭 국제공항으로 이동합니다. 공항 전차 트랩에서 흘러나오는 경쾌한 요들송은 감미로웠습니다. "으음매–애! 음매–애애애!" 공항 작별송에는 그들의 유머와 스위스의 멜로디가 숨어 있습니다.

감흥을 주었던 알프스 트래킹! 세계에서 가장 높다는 몽블랑 에퀴디미디 전망대, 몽블랑 등반훈련, 마테호른의 브라이트 호른 등반, 아이거 융프라우 트레일, 아이거를 마주 보며 행복했던 캠핑, 돌산을 넘고 오르며 쉬었던 돌로미티 산장들, 중세의 마을 같은 코르티나 담페초, 인스부르크 시가지 전차길, 쯔릭의 호숫길, 중세 대영제국 시대의 런던 타워……. 알프스 산행을 하면서 유독 설렘이 많았던 풍경들과 아름다웠던 감정을 오래도록 간직하고 싶습니다.

Rocky

· 사진으로 보는 로키 ·

재스퍼의 스카이라인 트레일에서 보는 코린 레인지

레이크 버그캠프장에서 보는 롭슨 북면 전경

스노우버드 패스 트레일 끝에서 보는 롭슨 동면

이스트 글레시어의 레이크 보우맨

정다운 해님을 볼 수 있는 글레시어의
세인트 메리 캠프장

글레시어의 그리넬 빙하계곡
트레일

루이스 호숫길 트레일에서 만나는
레이크 아그네스

10개의 설봉이 호수에 담긴
레이크 모레인

루이스 샤또호텔에서 보는 레이크 루이스와
빅토리아 빙원

레이크 루이스 트레일 끝 빅토리아 빙원에서
보는 루이스 샤또호텔

유크네스 레지스 트레일에서 보는
오하라 호수

자연이 녹아있는 오하라
호수에 담긴 보트

눈이 부시도록 푸르고, 깊고, 평화롭고,
고요한 레이크 페이토

로키에서 가장 아름답다는
멀리건 호수의 스프릿 아일랜드

꽃보다 아름다운
로키

밴프, 재스퍼, 롭슨, 요호 – 캐나디언 로키

글레시어 – 아메리칸 로키

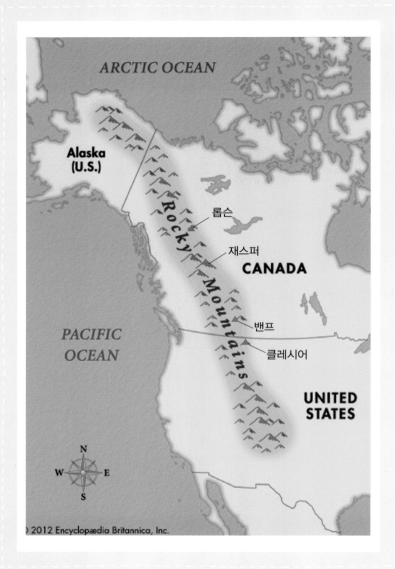

ARCTIC OCEAN

Alaska
(U.S.)

Rocky Mountains

롭슨

재스퍼

CANADA

PACIFIC
OCEAN

밴프

클레시어

UNITED
STATES

N
W E
S

© 2012 Encyclopædia Britannica, Inc.

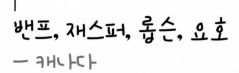

밴프, 재스퍼, 롭슨, 요호
— 캐나다

세계 십대절경에 로키(Rocky)산맥이 있습니다. 로키산맥은 어디를 가도 울창한 숲, 빙하와 호수를 볼 수 있습니다. 특히 밴프와 제스퍼 구간의 아이스필드 파크웨이 드라이브길은 그 광경이 매우 빼어납니다. 보석 같은 푸른 호수와 거대한 자연이 펼쳐지는 곳입니다.

로키산맥은 캐나다를 거쳐 미국 중서부의 뉴멕시코주까지 남북으로 4,500㎞에 달하는 북아메리카 대륙의 산맥입니다. 규모가 너무 커서 캐나다에 해당되는 부분을 '캐나디언 로키'라 부르고, 미국 중서부 몬타나주의 글레시어에서 뉴멕시코주까지를 '아메리칸 로키'로 구분하여 부릅니다.

로키산맥에서 가장 높은 봉우리는 미국 중서부 덴버에 위치한 해발 4,399m의 엘버트 산이며 캐나다 로키의 최고봉은 브리티시 콜럼비아주에 있는 해발 3,954m의 롭슨 산입니다. 로키 국립공원은 세계에서 3번째로 지정되었으며 한국의 절반에 가까운 면적입니다. 로키의 대표적인 백팩 트래킹 코스로는 재스퍼 국립공원의 멀린 호수에서 시작하는 스카이라인 44km, 트레일과 롭슨 주립공원의 버그 레이크, 스노우버드 패스 74km 트레일이 있습니다.

캐나다 로키를 대표하는 관장지는 밴프와 재스퍼로 230km 구간에 무려 5개의 국립공원이 몰려 있습니다. 그중에서도 재스퍼 주변에 로키의 대표적인 풍경이 숨겨져 있습니다. 밴프에서 재스퍼로 이어지는 Hwy 93번 주변에는 눈길이 닿는 곳마다 환상적인 풍경이 펼쳐집니다. 백팩 트래킹을 하지 않아도 도로 주변에서 페이토, 보우 등 수많은 호수와 설봉을 구경할 수 있습니다.

스카이라인 트레일 44km 3박 4일

로키에서 대표적인 백팩 트레일 중 하나인 스카이라인 트레일은 재스퍼에서 시작합니다. 재스퍼는 인구 3,500여 명의 소도시지만, 지구촌 트레커들이 끊임없이 드나드는 곳입니다. 재스퍼 시내에서 자동차로 10여 분을 달리며 메디슨 호수와 코린 레인지 산세의 아름다움과 자연의 향기에 흠뻑 젖습니다. 그리고 메디슨 호수에서 30여 분을 달리면, 트레일 출발점인 멀린 호숫가 주차장입니다.

스카이라인 트레일을 요약하면 첫날은 조금 힘들고, 둘째날은 아주 힘들지만, 로키의 스카이라인을 보고 즐기며, 셋째날은 원만한 트레일을 걷다 십중팔구 곰을 목격합니다. 스카이라인 트레일은 보통 2박 3일이 무난하나, 어린애나 노약자를 동반할 경우에는 3박 4일이 적당합니다. 서두르면 1박 2일도 가능한 코스입니다.

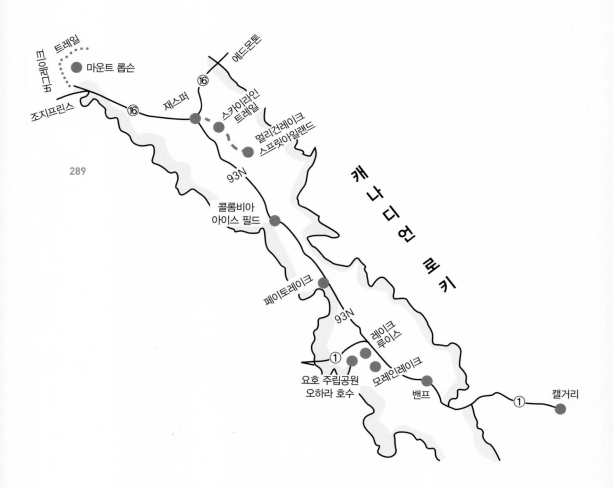

멀린 호숫가 - 스노우볼 12km, 6시간

멀린 호숫가 주차장에서 운치 있는 숲길을 걷습니다. 자연 속에서 여유로움을 느낄 수 있는 풍경입니다. 1시간 정도 완만한 숲길을 오르다 호숫가에서 잠시 숨을 돌리는 찰나, 한적한 호수에 거북이 한 마리가 물속에서 빼꼼 고개를 내밀고 올라옵니다. 자세히 보니 '캐나디언 루니 (Looni)'라는 물새입니다.

볼드언덕의 완만한 숲 속 오르막 트레일을 1시간 정도 걷다 에버린 캠프장에 도착합니다. 트레일 입구에서 5㎞ 지점이며 2시간 거리입니다. 숲 사이로 콜린 레인지 빙하와 로키의 스카이라인 산봉우리가 마치 히말라야의 산줄기처럼 곧게 뻗었습니다.

완만한 산 언덕길을 오르면 '리틀 샤블패스' 팻말이 나옵니다. 트레일 입구에서 4시간 거리며 10.3㎞ 지점입니다. 트레일 주변 하얀 눈자락 사이로 튀어나온 야생화가 아름답습니다. 로키 특유의 고산초원에는 야생화가 가득합니다.

스노우볼 캠프장을 향해 샤블패스 고갯길을 내려갑니다. 계곡 아래 개울을 건너면 우측으로 보이는 코린 레인지에 숨겨진 풍경은 신비롭습니다. 스노우볼 캠프장은 사람들의 손이 닿지 않는 곳으로, 트레일 초입부터 12.2㎞ 지점입니다.

야영지에서 모든 음식은 야생동물로부터 보호하기 위해 나무와 나무 사이에 쇠줄로 매달아 둡니다. 스노우볼 캠프장에는 8개의 캠프스팟이 있습니다. 야영장은 바람을 피할 수 있도록 숲 속에 위치하며 예약은 정확히 3개월 전에 가능합니다. 여름철 로키 숲 속은 그야말로 모기 천국입니다. 모기는 1~2m 앞만 볼 수 있는 근시지만, 20m 밖에서 사람 냄새를 맡는다고 합니다.

스노우볼 캠프장 – 테카라 캠프장 21km, 9시간

캠프장을 벗어나면 완만한 트레일이 시작됩니다. 실개천이 많은 제프리 평원에는 흰색, 빨강, 노랑 등 색색의 야생화가 손톱보다 작은 꽃잎으로 흐드러지게 피어 있습니다. 차가운 바람에 숨었다 한줄기 여름 햇살에 몸을 녹이려 나왔나 봅니다. 야생화 꽃밭을 지나 가파른 오르막 고갯길을 오르면 '비그 샤블패스' 팻말이 나옵니다. 캠프장에서 30~40분 거리입니다. 이 지역은 수목 한계선으로, 나무 한 그루 자라지 못하는 곳입니다.

가파른 돌산 트레일을 20여 분 오르니 사방이 활짝 트이며, 로키산맥의 스카이 라인이 까마득하게 보입니다. 로키에서 제일 높은 롭슨봉을 비롯해서 많은 설봉들이 93번 Hwy 계곡 위로 병풍같이 겹겹이 쌓여 있습니다. 벌거벗은 돌산을 조금 벗어나면 갈림길이 나옵니다. 악천후일 경우 머린로드로 대피하는 14㎞ 트레일입니다.

계속해서 완만한 트레일로 30여 분 가면 또 다른 갈림길이 나옵니다. 좌편 1㎞ 지점에 큐레이더 캠프장이 있습니다. 악천후에 아이스 필드 파크웨이로 내려가는 1.6㎞ 트레일입니다. 갈림길에서 우편으로 가파른 언덕을 10여 분 오르면 큐레이더 호수를 만납니다. 대부분의 트레커들은 이곳에서 숨을 돌리고 스카이라인 트레일에서 가장 힘들다는 낫치고개를 넘습니다. 호수에서 가파른 바위산을 올려다보니 한숨부터 나옵니다.

'저 고갯마루에 오르면 어떤 풍광이 기다리고 있을까?'

신발끈을 조여매고 산을 오르기 시작합니다. 급경사 킥백 트레일은 숨이 턱 끝까지 차오르고 심장이 멎을 것 같습니다. 흘러내리는 사암과 녹지 않은 눈이 뒤섞인 트레일입니다. 발아래는 바로 절벽, 자칫 잘못하여 미끄러지면 수백길 아래로 떨어집니다. 조심해서 한발 한발 내딛지만 사암이 흘러내려 미끄러집니다. 주위의 돌을 잡고 버텨 보지만 그 돌마저 같이 미끄러집니다.

드디어 낫치(The Notch) 고갯마루에 올랐습니다. 스카이라인 트레일 입구에서 22㎞ 지점으로, 큐레이더 호수를 출발하여 1시간 30분이 걸렸습니다. 낫치 고갯마루에서 보는 로키의 스카이라인 고봉은 웅장하고 장엄합니다. 로키에서 제일 높은 롭슨봉과 재스퍼 시내가 까마득하게 보입니다.

풀 한 포기 없는 돌산 능선은 칼바람으로 앞을 볼 수도 없습니다. 한동안 등을 돌리고 바위 뒤에서 휴식을 취하였습니다. 낫치 고갯길을 30여 분 지난 능선에서 보는 코린 레인지는 그 풍광이 특이합니다. 가파른 절벽 밑으로 침엽수림이 무성합니다. 낫치 능선을 따라 한 시간

292

정도 걷다 보면 내리막 킥백 트레일로 이어집니다. 멀리 테카라 호수가 보이고, 그 아래 숲 속이 테카라 야영지입니다. 능선 위에서 내려다본 야영장은 가까워 보였는데, 가도 가도 거리가 좁혀지지 않습니다.

계곡 아래 개천을 건너고 또 건너 테카라 야영지에 도착하였습니다. 트레일 초입부터 30㎞ 지점입니다. 이곳에도 8개의 야영지가 있으며 곰이 자주 출현하는 곳입니다.

오후 6시경 개울 옆 식탁에서 간단한 저녁을 즐기는데, 나와 마주 보고 앉아 있던 캠퍼가 "너 원하는 게 뭐야?"라고 소리 질렀습니다. 그리고 '곰'이라는 말에 뒤를 돌아보니 15m 후방에 앞발을 위로 올린 채 식탁을 두리번거리는 곰이 보입니다. 캠퍼들이 고성을 지르자, 숲 속으로 유유히 사라졌습니다. 한바탕 소동을 치른 캠퍼들은 음식물을 나무 끝에 매달고 텐트로 이동합니다. 혹시 곰이 출현할까 봐 밤새 잠을 설쳤습니다.

트래킹 마지막 날입니다. 상쾌하지만 싸늘한 아침, 여름이 흘러가는 향기를 피부로 느낍니다. 어제 저녁 시간에 개울물이 많아 개천을 어떻게 건널지 궁금하였으나 밤새 기온이 내려가 개울물이 줄었습니다. 시냇물 건너 숲 속의 적막한 산길에는 곰이 나무 기둥에 상처를 내거나 분비물로 자기들의 영역을 표시해 두었습니다.

트레일 좌편으로 씨그널 산을 끼고 40여 분을 걷다 코린 레인지의 올드맨 산이 정면에 보이는 곳에서 잠시 쉬었습니다. 주변은 야생화가 예쁘게 피어 있습니다. 활짝 트인 시야로 재스퍼 타운 북쪽 엘로헤드 하이웨이 주변의 넓은 평원 풍경이 그림 같습니다. 그 동쪽으로 재스퍼의 수호신 올드맨이 콜린 레인지와 연결되었습니다. 가이드 설명에 의하면 콜린 레인지(Colin Range)의 길이는 약 70㎞이며, 동쪽은 산세가 서쪽보다 웅장하고 회색빛이 많고 서쪽은 동쪽보다 오래된 지형으로 오렌지색이 많다고 합니다.

산길 트레일이 비포장 도로로 연결되었습니다. 지나왔던 트레일은 두 명이 나란히 걸을 수도 없었는데, 자동차 길이 나옵니다. 산악자전거 트레커와 응급시 비상도로라고 합니다. 내리막 숲길에는 중간중간 곰과 무스 분비물이 널려 있습니다. 특히 이곳은 곰이 많아 4~5명 이상이 동행하라는 공원측의 경고문이 붙어 있을 정도입니다.

294

로키 최고봉 마운트 롭슨

브리티시 콜럼비아주와 앨버타주의 경계에 있는 롭슨산은 만년설에 덮여 사시사철 구름이 하얀 장막에 가려져 있습니다. 구름 없는 정상을 보는 것 자체가 행운입니다. 롭슨산에는 7개의 야영장이 있는데, 그 가운데 전망이 가장 좋다는 버그 레이크 야영장은 연중 6월~9월에만 오픈하지만 3개월 전부터 예약을 받으며 예약도 쉽지 않습니다. 로키를 몇 번 여행해 보면서 백패커를 제일 많이 보았던 트레일입니다. 2015년 7월 초순 72㎞ 트레일을 4일간 돌아보았습니다.

롭슨 공원입구 – 버그 레이크 21km, 8시간

재스퍼에서 88㎞, 자동차로 1시간 20분 거리에 위치한 콜롬비아 주립공원 롭슨 3,964m 산으로 이동합니다. 캐나디언 로키 최고봉 롭슨은 빙하가 빚어내는 아름다운 경관 덕에 많은 트레커들이 찾는 곳입니다.

입산 당일 공원 관리소에 신고를 하면 핑크태그를 부여합니다. 핑크태그는 레인저가 확인하기 쉽게 백팩에 매달아 둡니다. 트레일 입구에서 넘실대는 버그강을 끼고 숲길을 1시간 정도 올라 출렁다리를 건넙니다. 폭이 좁아 한 명씩 건너야 하는데, 다리 전체가 흔들려 중심 잡기도 어렵습니다. 출렁다리를 건너 키니 캠프장 휴게소에서 숨을 돌립니다. 트레일 초입부터 7㎞ 지점으로, 여기까지는 산악자전거도 올라올 수 있습니다. 호수 건너편에는 레인저 숙소가 보입니다.

평탄한 호숫가 트레일과 오르막 숲 속 트레일을 30여 분 걸으면 화이트혼 캠프장에 도착합니다. 트레일 초입부터 11㎞ 지점입니다. 캠프장 휴게소에는 공원 레인저가 트레커들의 안전을 위해 순찰을 합니다.

평탄한 호수길과 숲속의 트레일을 지나 넓은 분지의 초입에 놓인 외길 철다리를 통과합니다. 수많은 호수가 있는 실폭포 계곡으로, '천의 폭포계곡'이라는 곳입니다. 주변으로 눈산과, 높은 절벽을 타고 내리는 수많은 실폭포가 암벽에 파인 틈 사이로 떨어져 하얀 분말처럼 보입니다. 30도가 넘는 찜통더위에 폭포수만 보아도 조금은 시원해지는 기분입니다. 폭포를 끼고 있는 화이트혼 봉우리는 하얀 삼각 모자를 걸쳤습니다.

바짝 마른 실개천을 지나면 오르막 숲 속 트레일이 시작됩니다. 무거운 백팩은 어깨를 자극하고 허벅지는 딱딱하게 굳습니다. 곰 배설물이 자주 보이는 것으로 봐 위험한 트레일입니다. 화이트 폭포에 당도하자, 이름에 걸맞게 폭포의 물줄기가 만들어 내는 하얀 포말이 새하얗게 반짝입니다. 안개처럼 피어오르는 포말분자가 햇빛을 받아 무지개로 빛납니다. 이후 계속해서 가파른 오르막길이 이어졌지만, 멋진 추억을 만든다고 생각하니 그리고 힘들지만은 않습니다.

버그 트레일은 자연을 최대한 보호하고 멋을 살렸습니다. '황제폭포' 팻말이 나오자, 유리처럼 맑은 폭포수가 물안개를 뿜으며 콰르릉 비명을 일으키며 신비롭게 쏟아져 내립니다. 폭포수가 바위에 떨어지며 내는 굉음이 계곡을 흔들고, 물안개는 주변을 삼켜 버립니다. 계속해서

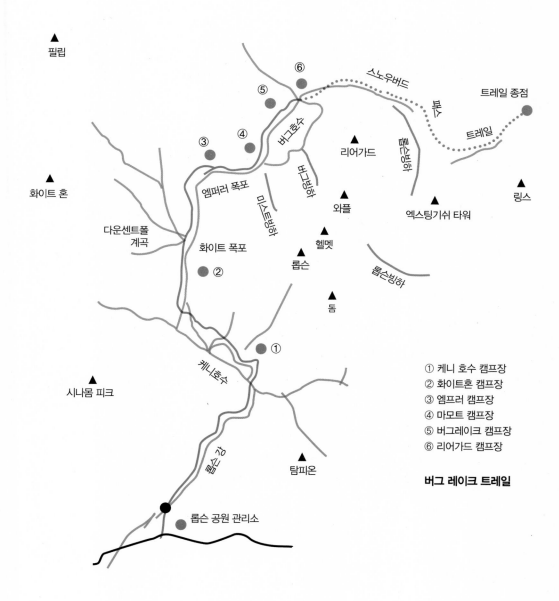

필립

화이트 혼

다운센트폴
계곡

시나몸 피크

⑥

⑤

스노우버드

트레일 종점

④

버그호수

리어가드

③

엠퍼러 폭포

롭슨빙하

와플

링스

엑스팅기쉬 타워

화이트 폭포

②

롭슨

미스트빙하

헬멧

돔

롭슨빙하

①

케니호수

탐피온

롭슨 강

롭슨 공원 관리소

① 케니 호수 캠프장
② 화이트혼 캠프장
③ 엠프러 캠프장
④ 마모트 캠프장
⑤ 버그레이크 캠프장
⑥ 리어가드 캠프장

버그 레이크 트레일

• 꽃보다 아름다운 로키 •

10여 분을 오르면 황제(Emperor) 캠프장입니다. 트레일 입구에서 16㎞ 지점입니다.

황제 캠프장 숲 속을 지나면 원만한 바윗길 트레일로 연결됩니다. 높은 절벽에서 간헐적으로 굴러떨어지는 바위를 피해 척박한 돌길로 30여 분 지나가니 '돔' 설산의 이스트 빙하와 버그빙하가 시야에 들어옵니다. 트레일은 평원 같이 넓은 마른 냇가로 이어집니다. 이렇게 넓은 마른 개천이 있다니! 폭이 족히 200~300m정도는 될 것 같습니다. 텅 빈 개천을 혼자 걷자니 어디론가 빨려 들어가는 느낌입니다.

넓고 광활한 개천을 30여 분 걷다 개울을 건너면 마모트 캠프장입니다. 트레일 입구부터 19㎞ 지점입니다. 계속하여 숲 속 트레일로 30여 분을 걸으면 롭슨봉을 배경으로 예쁜 통나무로 지은 대피소가 있는 버그 레이크 캠프장이 나옵니다. 마치 아름다운 그림엽서에 나오는 풍경 같습니다. 전망 좋은 호숫가 캠프장에는 지구촌 트레커들로 북적입니다. 트레일 입구부터 21㎞ 지점이며, 8시간이 걸립니다.

깊은 산속의 캠핑장은 한가롭습니다. 세상에 나만 존재하는 것 같은 착각이 들 만큼 사방은 침묵에 깔렸습니다. 빙하가 떨어지는 꽝음만이 간헐적으로 텐트속을 파고들 뿐입니다. 히말라야, 파타고니아, 알프스의 낙빙 소리는 단음이지만 로키는 다음으로, 낙빙 소리가 자주 들립니다. 밤새 텐트를 스치고 지나가는 바람소리와 롭슨계곡의 낙빙 소리가 정적의 공간을 채워 줍니다.

버그 레이크 - 스노우버드 트레일 왕복 22km, 8시간

이른 아침, 롭슨봉이 붉게 물들었습니다. 그림 같이 예쁜 설산이 펼쳐진 가운데, 호수에 반사된 롭슨의 모습이 더욱 아름답습니다. 실개천을 건너 리어가드 캠프장을 지나갑니다. 버그 캠프장에서 1㎞ 지점입니다. 계속 평탄한 트레일이 이어지다 버그 캠프장에서 2㎞ 지점에서 롭슨패스 캠프장을 우회전합니다. 좌측 길은 롭슨페스 트레일로 이어집니다.

스노우버드 패스 트레일로 접어들자, 롭슨산의 헬멧 콜먼빙원 트레일 주변에 야생화가 만발하였습니다. 알래스카의 위드 파이어 같은 야생화 꽃길을 걷고 있자니, 꿈의 화원을 지나가는 느낌입니다. 섭씨 30도를 넘나드는 한여름인데도 계곡의 호수는 살얼음으로 덮였습니다. 가파른 오르막 트레일 입구에 주의 팻말이 있어 읽어 보았더니, 9월부터 다음 해 5월까지 오를 수 없는 트레일이라고 적혀 있습니다.

롭슨봉의 동쪽, 익스튕기셔 설봉이 아침 햇살에 반사되어 더욱 아름답습니다. 가파른 트레일을 오를수록 롭슨은 새로운 풍경을 펼쳐 냅니다. 스노우 버드 트레일은 가파른 경사를 따라 하늘로 향해 있습니다. 트래킹을 시작한 지 2시간이 지났을 때 "타-타-타" 소리를 내며 투어 헬기가 머리 위를 지나갑니다. 유별난 관광입니다. 하기야 구름 없는 롭슨봉을 보는 것만으로도 행운입니다.

절벽길 난간에는 쇠사슬이 설치되어 있습니다. 생각 없이 열심히 걷다 보니 넓고 평화로운 초원 트레일입니다. 야생화와 청아하게 들리는 개울물 소리가 들리는 평원을 지나갑니다. 자연을 그대로 간직한 야생화를 자세히 들여다보니, 5~6개의 작은 잎에 하얀 털이 붙어 있습니다. 빨강, 노랑, 검붉은색, 하얀색 등 온갖 요염한 색깔로 주변의 설산을 유혹합니다. 귀여운 자태의 꽃망울에 롭슨의 향기가 배어 있고, 잔잔한 물소리에 롭슨의 숨결이 흐릅니다.

야생화 초원을 지나니 개울물이 끝나면서 가파른 오르막길로 연결됩니다. 가파른 킥백 돌길로 40분을 오르니, 스노우 버드 패스 고갯마루입니다. 롭슨의 날씨가 변덕스럽다기에 노심초사하였는데, 쨍하게 푸른 하늘을 보며 안도의 한숨과 기쁨의 쾌재를 부르며 롭슨봉을 사진기에 담습니다. 트레커들의 가쁜 숨소리도 함께 담았습니다.

스노우버드 패스 2,423m 고갯마루에는 산행에 안전을 비는 산사람들의 징표인 성황당이 롭슨봉을 향해 손짓합니다. 고갯마루 너머에는 가파른 절벽 밑으로 이어지는 넓은 설원이 있습니다. 끝이 보이지 않는 설원은 알프스의 스키장 같습니다. 롭슨과 비슷한 고도에 이렇게 넓은 설원이 있다니! 황홀한 마음을 진정하고 긴 휴식을 취하였습니다.

버그 레이크 야영장

숲 속의 야영장에는 키가 큰 침엽수가 많습니다. 버그 레이크의 넓은 평원은 마치 동화 속 별천지 같습니다. 이른 아침 차가운 바람이 호수를 흔들어 깨우고, 동쪽 하늘에서는 붉은 기운이 롭슨봉을 삼키려는 듯 다가옵니다. 연이어 붉은 태양이 조금씩 머리를 내밀더니, 이내 롭슨봉이 붉은 햇살을 머금습니다. 더불어 호수 좌우로 호수의 경계선이 양분되어 끝없이 이어지는 풍경에 마음이 설렜습니다.

버그 레이크 캠프장 텐트 바닥에는 습기가 배어들지 않도록 나무칩이 깔려 있습니다. 공동변소 관리도 일품입니다. 대변 후 하얀 나무껍질을 한 주먹 떨어뜨려 청결하게 보이도록 하였습니다. 공원 관리인의 말에 의하면, 이곳 변소는 토양처리 시스템이라고 합니다. 액화된 변을 땅속에 묻은 배관으로 흘러보내 토양의 미생물로 정화시킨 후 증발시키는 방법입니다.

버그레이크 호숫가에는 원목으로 만든 통나무 의자가 있습니다. 그 통나무 의자에 앉아 만년설로 뒤덮인 롭슨 북면의 거대한 빙하를 바라보고 있노라면, 잔잔한 감동이 밀려들어 신비로운 기운마저 듭니다. 몇 시간이고 바라보는 것만으로도 행복합니다. 계곡의 정적이 가슴속을 파고드는 오후 시간, 마음도 가슴도 텅 빈 콩껍데기처럼 가벼워졌습니다.

301

버그 레이크 캠프장 - 롭슨공원 트레일 입구 21km, 6시간

백팩 산행을 하며 먹는 것과 잠을 잘 자겠다는 생각을 포기한 지 오래되었습니다. 하산할 장비를 챙깁니다. 1인용 텐트는 2015년 최신 장

비로, 무게가 등산화 한쪽 무게만 합니다. 버그 트레일은 내리막도 오르막처럼 힘들긴 마찬가지입니다. 트레일 중간중간에는 곰의 배설물이 많습니다.

내리막 숲 속 트레일로 5시간쯤 내려오다 키니 호숫가에서 뱅쿠버 캐나다에 거주하는 한국분 내외를 만났습니다. "물은 충분하십니까?", "어디 불편한 곳은 없습니까?" 서로 다른 나라에 살지만 같은 민족, 같은 문화, 비슷한 연령이라는 공통분모가 많았던 터라 친절부터 달랐습니다. 뱅쿠버에 지인이 있냐고 묻기에 친구들 이름을 대었더니 잘 아는 사이라고 합니다. 우리는 "산에서 다시 만납시다."라는 인사로 헤어졌습니다.

백팩 트래킹은 서로의 목적이 다를 수도 있으나 의미는 거의 비슷하다고 생각합니다. 그 이유 중 하나는 일상생활에서 듣지 못하는 내면의 소리를 걸으면서 들을 수 있기 때문입니다. 자연 속에 나를 혼자 내버려 두면, 내 자신을 뒤돌아보고 깨닫게 해 줍니다. 도시 속에 있을 때는 마음속에 욕심들이 외쳐도 듣지 못하나, 심심산천 고요한 자연에서는 내면의 소리가 들리고 더불어 아름다운 생각도 하게 합니다.

아름다운 레이크 오하라

요호 주립공원에 있는 오하라 호수 트레일은 자연보호 구역으로, 자동차와 자전거의 출입을 금지하며 6~10월까지 입산허가를 하는 BC브리티쉬 콜러비아 주립공원입니다. 로키의 대부분이 자유개방이지만 오하라 주립공원은 자연을 보호하기 위해 출입 인원을 제한합니다. 셔틀버스 예약과 캠핑 허가는 3개월 전에 받습니다. 예약 없이 셔틀버스를 이용할 수도 있으나 예약자 우선이며, 빈 좌석이 있을 경우 선착순입니다. 캠핑 기간은 최대 3일, 그룹 인원은 6명으로 제한하며, 7명이면 두 그룹으로 나눠 예약해야 합니다.

오하라 호수 주변에는 34개의 아름다운 둘레길이 있습니다. 공원 입구 주차장에서 오하라 호수까지 12㎞입니다. 걸어서 가면 2시간이 걸리지만 셔틀 버스로는 20여 분이 걸립니다. 오하라는 로키 가운데 캠

303

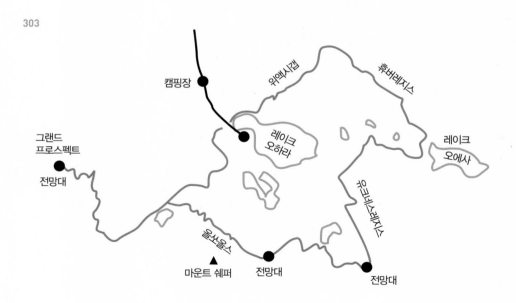

핑시설이 가장 깨끗합니다. 로키는 어디를 가도 아름다움을 담고 있지만, 오하라 호수는 더욱 아름답습니다. 호수 주변의 콘도 사용료는 일일 800달러 정도이며, 풍경이 아름다워 예약도 쉽지 않습니다.

오하라 호수에는 알파인 트레일이 많습니다. 위왁시 갭 1.5㎞, 휴버 레지스 1.7㎞, 유크네스 레지스 2.2㎞, 올 소울스 알파인 2㎞, 오다레이 하이라인과 오다레이 그랜드뷰 프로스펙트 2.5㎞. 눈에 감길 만큼 아름다운 오하라 호수의 풍경에는 자연이 그대로 녹아 있습니다. 각 트레일은 알기 쉽게 푸른색 바탕에 노란색 글자로 표시되어 있습니다. 이 중에서도 위왁시 갭과 휴버 레지스를 이어 주는 코스와 올 소울스 알파인, 오레이 그랜드뷰 프로스펙트 풍경은 산 정상에서 호수를 내려다보는 풍경입니다. 자연을 가슴으로 느낄 수 있는 트레일입니다.

3일간의 트래킹에서 다양한 오하라의 풍경을 보며 아름다운 감동을 받았습니다. 호수 색도 티없이 아름답거니와 자연의 향기가 호수를 가득 채웠습니다. 오다레이 그랜드뷰 프로스펙트 루트는 오하라 호수를 둘러싸고 있는 고봉들을 한눈에 볼 수 있는 이상적인 곳이나 트레일이 가파르고 높아 조금은 힘든 곳입니다.

알피인 − 위왁시 왕복 12km, 6시간

오하라 롯지 100m 전방 우측, 비그라치 팻말이 트레일 초입입니다. 숲 속을 30여 분 걸으면 가파른 산길 트레일로 이어집니다. 오하라 호수 남쪽의 해발 2,692m 쉐퍼산으로 오르는 트레일입니다. 숲 속을 지나 산 언덕길로 1시간 정도 올라 전망대에서 숨을 돌립니다. 트레일 중간의 바위틈에는 꽃잎도 줄기도 보이지 않을 정도로 작은 생명체가 힘차게 솟아나는 야생화를 볼 수 있습니다. 자연의 생명력을 보노라면, 우리에게 진정한 스승은 자연일지도 모른다는 생각이 듭니다.

　알파인 전망대에서는 오하라 호수, 쉐퍼호수, 오다레이 빙하, 오하라 캠프장, 위왁시산 2,703m, 후버산 3,368m, 앨버타주의 빅토리아 3,464m의 설산과 빅토리아 설원이 한눈에 들어옵니다. 소울스 알파인 내리막 트레일에서 산양 3마리가 길을 가로막습니다. 하얀 털, 작고 하얀 뿔, 하얀 수염에, 검정 발톱을 가진 놈입니다. 높은 산의 바위나 절벽에서 무리를 지어 서식하는 무리입니다. 계속해서 내리막 돌산 트레일을 지나 오하라 호숫가로 내려가니, 카누를 즐기는 관광객과 호화 캐빈에서 여유로운 시간을 즐기는 사람들로 가득합니다.

오다레이 그랜드뷰 트레일 - 위왁시 트레일 14km, 7시간

　오다레이 그랜드뷰 트레일입니다. 밴프에서 160㎞ 남쪽 브리티시 콜럼비아의 오크라근(코로나 도시) 근처에서 산불이 발생하여 주변에 연무가 깔렸습니다. 밴프 주변의 하늘은 연무로 뒤덮였습니다. 비가 내리기를 기다리는 것 말고는 달리 방법이 없는 것 같습니다.

　오다레이 휴게소 입구에서 시작되는 그랜드 뷰 트레일은 새퍼 호수

로 이어지는 알파인 메도우 트레일을 따라 평탄한 숲길을 20여 분 걷습니다. 새퍼 호수를 지나 트레일은 맥아더 패스 숲 속 트레일로 이어져 30여 분을 올라갑니다. 이 지역은 회색곰이 자주 출현하는 곳으로, 트레일에 곰 분비물이 자주 보입니다. 트레일은 다시 오다레이 하이라인으로 바뀌면서 오르막길로 접어듭니다. 트레일 입구에서 1시간 정도 올라온 지점입니다.

위왁시 트레일로 이동하기 위해 완만한 오르막 트레일로 20여 분을 오르니 오하라 계곡의 호수 풍경이 연무로 인해 희미하게 보입니다. 웅장한 돌산과 시야가 활짝 트인 풍경이 매혹적입니다. 계속하여 완만한 오르막 트레일로 30여 분을 오릅니다. 오다레이 하이라인 트레일은 오다레이 그랜드 뷰 루트로 바뀌며 급경사 킥백 트레일이 시작됩니다.

오다레이 빙하를 향해 힘겨운 오르막길을 올라, 트레일을 시작한 지 2시간 만에 끝 지점에 도달하였습니다. 이곳에서 보는 로키는 자연 속에서 또 다른 자연을 보는 느낌입니다. 루이스 호수에서는 빅토리아 빙하를 정면에서 볼 수 있으나 오하라 둘레길에서는 산넘어 빅토리아 빙하 뒷면을 볼 수 있습니다.

오하라 북면 위왁시 갭을 오르는 트레일입니다. 오하라 아웃렛 브리지에서 시작되는 위왁시 트레일은 초입부터 급경사 트레일로 접어듭니다. 1시간 30분 동안의 힘든 트레일 끝에 오에사 2,270m 호숫가에 당도합니다. 오에사, 유크네스, 오하라 호수가 보이는 곳으로, 오에사 호수 뒷면으로는 거대한 휴버 암벽산 3,368m, 콜리어 피크 3,215m 설산이 버티고 있습니다. 맑고 차가운 호수는 높고 한적한 곳에 위치한 탓에 사람이 찾아 주지 않는 외로운 호수입니다.

내리막 바윗길로 10여 분을 내려가니 빅토리아 호수가 나오고, 다시 20여 분을 내려가니 유크네스 호수와 오하라 호수가 연이어 보입니다. 매일 캠프장으로 향하는 길은 행복하나 다리는 삐걱거립니다. 산은 언제나 우리를 가르칩니다. 엄살은 봐주지 않습니다. 가파른 길, 혹독한 더위가 인내를 가르쳐 줍니다. 고통을 이기고 견디며 얻는 즐거움도 가르쳐 줍니다. 고통을 넘으면 행복한 자유가 찾아온다는 것도 가르칩니다. 온몸으로 무식하게 배우는 산행은 우리의 삶에 소금이 되어 줄 것입니다.

루이스 호수 트레일 15km, 7시간

루이스 호수 주변을 감싸고 있는 빅토리아 산과 페어뷰 산 사이로 빅토리아 빙하가 가로놓인 동화 속 그림 같은 곳입니다. 길이 2.4㎞, 폭 300m의 호수 주변에 점점이 떠다니는 작은 배를 보노라면 숲 속의 아름다운 휴식처 같습니다.

트레일 입구인 루이스 호수에서 출발하여 미러 호수에서 숨을 돌립니다. 그리고 아그네스 호수 휴게소에서 커피 한 잔을 마신 다음, 6개의 빙하 트레일로 이동합니다. 빅토리아 빙하를 근접 조망할 수 있는 룩아웃 트레일 휴게소에 들러 휴식을 취합니다. 그곳에서 30분 거리에 있는 룩아웃 트레일 끝지점으로 이동하여 빅토리아 계곡의 설원과 트레일 출발점인 루이스 샤또 호텔을 바라보는 풍경이 정겹습니다.

루이스 샤또 호텔 – 미러 호수 – 아그네스 호수 – 룩아웃 빙하
지대 전망대 – 레이크쇼어 트레일 – 루이스 샤또 호텔
10km, 6시간

루이스 호수에서 미러 호수 구간의 트래킹 코스는 대체로 완만합니다. 트레일 입구에서 2.6㎞ 지점에 있는 미러 호수는 말 그대로 맑고 오묘합니다. 미러 호수에서 아그네스 호수를 오르는 마지막 가파른 50m의 절벽길은 목조층계로 연결되어 있습니다. 아그네스 호수는 루이스 호수보다 크기나 규모는 작지만, 호수를 감싸고 있는 주변 산세가 아름답습니다. 트레일 입구부터 3㎞, 1시간 30분이 걸립니다.

아그네서 호수 길을 돌아 악마의 무덤산, 피란 계곡의 아름다움이 눈과 마음을 시원하게 해 줍니다. 변화무쌍한 아그네스 호수 트레일 계곡에서 떨어지는 폭포와 주변의 경이로운 자연경관에 흠뻑 빠졌습니다.

아그네스 호수 둘레길을 돌아 빙하길로 가는 하이라인 트레일로 접어들었습니다. 완만한 내리막길 1.0㎞ 야생화 꽃밭을 지나 레이크쇼 트레일 갈림길에서 숨을 돌린 후, 계속해서 빙하지역 트레일로 접어들면 20m정도의 절벽길이 나옵니다. 암벽에 고정용 체인볼트로 쇠사슬을 연결하여 안전하게 지날 수 있도록 해 두었습니다. 로키는 어디를

가도 안전 시설물이 잘 설치되어 있습니다.

암벽에 부착된 쇠사슬 길을 지나 오르막길 옆에는 바위를 타고 흐르는 차가운 물이 인기입니다. 한여름에 얼음같이 차가운 물에 손만 적셨는데도 더위가 싹 달아납니다. 계속하여 1.4㎞의 가파른 오르막을 30~40분 오르면 티 하우스가 나옵니다. 아담한 2층 통나무집 티 하우스는 애그너스 티 하우스에 비해 서비스가 차갑습니다.

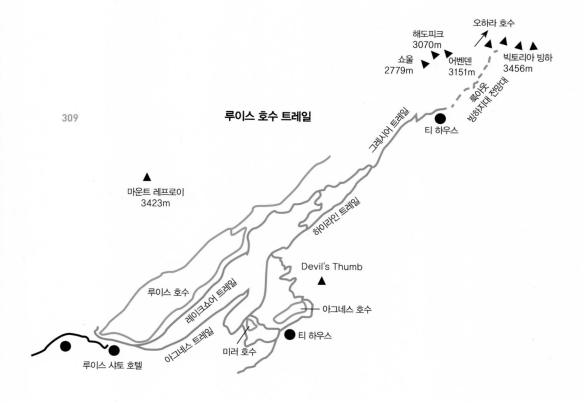

루이스 호수 트레일

오하라 호수

해도피크
3070m

쇼울
2779m

어벤덴
3151m

빅토리아 빙하
3456m

루이스
빙하지대 전망대

티 하우스

그레시어 트레일

309

마운트 레프로이
3423m

하이라인 트레일

Devil's Thumb

루이스 호수

레이크쇼어 트레일

아그네스 호수

아그네스 트레일

미러 호수

티 하우스

루이스 샤토 호텔

계속해서 1.3㎞ 룩아웃 트레일로 이동합니다. 빅토리아 동쪽 계곡의 레프로이 빙하계곡과 애버딘봉 3,152m, 하도설봉 3,070m, 시올 2,779m의 설산을 볼 수 있는 곳입니다. 주변에는 콜럼비아 빙산에서 굴러내린 크고 작은 바위들이 어지럽게 널려 있으며, 루이스호수 입구에서 보았던 계곡 끝의 빅토리아 빙원의 장엄한 풍경을 코앞에서 볼 수 있습니다. 계속해서 가파른 바윗길로 100m쯤 오르면, 트레일의 끝 지점인 빅토리아 실폭포가 있습니다. 산을 넘으면 오하라 호수와 연결됩니다.

오스트레일리아 시드니에서 왔다는 부부가 진지하게 말을 걸었습니다. 계곡 건너편 빙하 언덕의 The Death Trap, 파노라마로 펼쳐진 전망대 음식점에서 음식을 즐겼다고 합니다. 그리고 아이스크림 맛이 일품이라고 합니다. 그 말에 끌려 어느 트레일로 올라갔냐고 물었더니, 계곡 아래를 가리켰습니다. 해가 지기 전에 돌아오려면 서둘러야 된다고 합니다. 나의 진지한 눈망울에 주위 사람들이 웃음을 터트렸습니다. 알고 보니 농담이었던 것입니다. 농담은 때로 순간을 행복하게 해 줍니다.

트레일 끝 지점에는 성황당이 많습니다. 나도 나만의 성황당을 하나 만들었습니다. 지난 11일간 무사히 산행을 하게 해 준 나에게 경의를 표하는 이정표입니다.

되돌아 나오는 레이크 쇼어 트레일에서 장년의 이스라엘 부부를 만났습니다. 한동안 로키의 아름다움을 이야기하다 기독교가 화제가 되었습니다. 유대인이 보는 기독교에는 기독교의 정체성을 뒤흔드는 이야기가 많았습니다. 유태인은 구약은 믿으나 신약은 믿지 않는다고 합니다. 한마디로 잘못된 종교는 사회에 악영향을 끼친다는 것입니다.

보석 같은 모레인 호수

이른 아침, 루이스 타운의 프론트컨트리 캠프장에서 14km 거리에 있는 모레인 호수로 달렸습니다. 10여 년 전에 왔을 때는 회색 구름이 하늘을 가득 채웠는데, 오늘은 주변 산불로 연무가 하늘을 가렸습니다. 모레인 주차장 옆의 개울을 건너 0.3km의 가파른 언덕 위 바벨타워에 올랐습니다. 이곳은 모레인 호수 전체를 조망할 수 있는 전망대입니다.

병풍처럼 둘러싸인 설산과 아침 햇살에 반사된 호수가 그지없이 아름답게 다가옵니다. 20달러 캐나다 지폐 뒷면에 나오는 그림이 바로 모레인 호수입니다. 보석같이 신비한 10개의 웅대한 빙산이 호수를 가득 채웠습니다. 템플 3,544m, 피나클 3,067m, 넵투악 3,237m, 델타폼 3,424m, 투조 3,245m, 앨런 3,301m, 페렌 3,051m, 톤사 3,130m, 보우렌 3,054m, 리틀 3,139m, 페이 3,235m의 산군이 호수를 감싸고 있습니다. 지구촌 곳곳을 트래킹하며 많은 호수를 보아 왔지만, 이렇게 아름다운 호수는 손꼽을 정도입니다. 호수 둘레길은 왕복 1시간이면 충분합니다. 호수 입구에는 유명한 라치밸리 트레일 입구가 있습니다.

　재스퍼의 명소는 멀린 계곡입니다. 러시아의 보스톡 호수에 이어 세계에서 2번째로 큰 빙하호수 스프릿 아일랜드는 재스퍼의 멀린 계곡에 위치해 있습니다. 캐나다 로키에서 가장 아름답다는 호수입니다. 재스퍼에서 남동쪽으로 43㎞ 거리에 있는 호수의 선착장까지는 약 1시간이 걸립니다. 드라이브 도중에 만나는 메디신 호수 역시 코린 레인지를 끼고 그 자태가 수려합니다. 길이 22㎞, 수심 30m, 폭 1.5㎞의 넓은 멀린 호수 주변으로 눈 덮인 로키의 자태는 아름답습니다.

　배를 타고 30여 분 들어가 멀린 호수의 중심지인 '영혼의 섬'이라는 스피릿 아일랜드(Spirit Island)에는 침엽수가 무성하여 호수가 한층 더 멋있게 보입니다. 멀린 호수의 대표적인 스프릿 아일랜드의 풍경은 그 여운이 오래갈 것입니다.

글레시어
— 아메리칸 로키

　　몬타나주의 북서쪽 로키산맥을 끼고 있는 글레시어 국립공원은 수많은 절경과 미봉, 거대한 대자연의 장관을 볼 수 있어, 자연과 야생동물을 좋아하는 사람들의 천국입니다. 1,120㎞ 등산 코스와 빙하기의 숲 그리고 아름다운 산과 호수가 많으며, 공원이 매우 넓어 5개 지역으로 분류합니다. 관광객들이 제일 많이 찾는 웨스트 글레시어 아프가, 세인트 메리, 메니 글래시어, 노스 폭, 투 메디슨과 이스트 글레시어, 마리아스 패스로 구분되며, 대표적인 백팩 트래킹 코스로는 투메디슨 레이크, 당일 트래킹 코스로는 하일랜드, 세인트 메리폴, 메니 글라시어, 그리넬 등이 있습니다.

　　특히나 글레시어 국립공원의 서쪽 입구인 아프가 캠프장 주변은 가장 인기 있는 곳입니다. 아프가의 맥도날드 호숫가에서 로키의 아름다움에 매혹당합니다. 거울같이 맑은 호수와 높은 산으로 둘러싸여 있어 그지없이 아름답습니다. 쾌청한 공기와 맑은 햇빛 아래 걷기만 해도 행복합니다. 공원의 험한 지형을 이어 주는 포장도로를 이름하여 "고잉-투-더-썬-로드"라 부릅니다. '태양으로 가는 도로'란 뜻으로, 동서 80㎞를 연결합니다. 낭떠러지 바위를 깎아 만든 2차선 도로는 보기만 해도 아름답고 예술적입니다. 원만한 커브와 좁은 절벽 중간에 전망소를 만든 것도 이색적입니다.

그레이셔 국립공원
Glacier National park

보우먼 호수
폴브리지
메니 그레이셔
로건패스
쎄인트 메리
쎄인트 메리 호수
맥도널드 호수
아프가
이스트 그레이셔
웨스트 그레이셔
투메디슨

투 메디슨 호수 - 코발트 호수 캠프장 10km, 5시간

투메디슨 보트 선착장에서 가이드를 만나 2박 3일 트래킹을 떠납니다. 무거운 배낭을 둘러메고 가이드를 따라 호수 주변의 아름다운 풍경 속으로 들어갑니다. 한동안 투 메디슨 호숫가를 앞서가던 가이드가 "곰이다!" 하고 소리칩니다. 그가 가리키는 곳을 바라보니, 50m 앞에 새끼 곰이 지나갑니다. 이 지역은 글레시어 공원에서 곰이 제일 많이 서식하는 지역으로, 사람들은 이곳을 '곰나라(Bear Country)'라고 합니다.

호숫가에서 땀을 식히는 동안 곰 이야기가 단연 화제가 되었습니다. 흙곰과 갈색곰의 특성에 대한 가이드의 설명이 이어집니다. 글레시어 공원에는 흙곰이 주류지만, 갈색곰은 이 지역에 특히 많다고 합니다. 흙곰은 갈색곰에 비해 작고 나무를 잘 타며 죽은 동물도 먹지만, 갈색곰은 나무를 타지 못하고 죽은 동물은 먹지 않는다고 합니다.

유람선이 호수 위를 떠도는 가운데 더글러스 숲 속의 상쾌한 공기를 온몸으로 느끼는 평화로운 트레일입니다. 평탄한 길과 언덕길을 걷다 오늘의 목적지인 코발트 호수에 도착하였습니다. 눈이 시리도록 새파란 코발트 호수와 아름다운 시노파 산세로 백 컨튜리 캠프장은 그야말로 별천지입니다. 백팩을 캠프장에 내려두고 가이드를 따라 3km 가파른 매디슨 패스 트레일을 둘러봅니다. 발아래로 내려다보이는 산자락이 한눈에 들어오자, 가슴이 저릴 정도로 아름다운 주변 풍광이 펼쳐집니다.

시노파 산 계곡과 티피 능선을 따라 코발트 호수, 투 메디슨 호수,

산봉우리들로 이어진 풍경은 그야말로 절경입니다. 이곳에서 환상적인 조망을 즐기는 것만으로도 무거운 백팩을 짊어지고 이곳을 찾은 보람을 느낍니다. 주변 호수들은 저마다 색다른 매력을 가지고 있습니다.

늦은 밤, 야영장은 깊은 휴식에 빠졌습니다. 소리와 빛이 없는 밤에는 별님이 태양처럼 빛납니다. 몸은 피곤하지만, 자연의 아름다운 향기에 취해 자연의 감사함을 느끼며 자연을 품에 안고 꿈속으로 빠져듭니다.

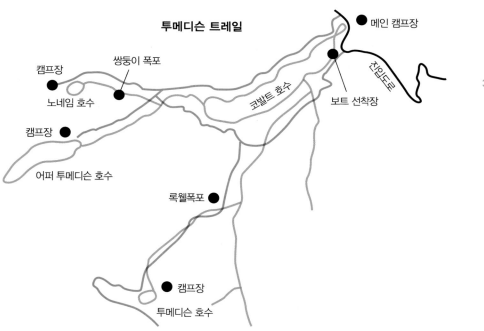

투메디슨 트레일

캠프장
쌍둥이 폭포
노네임 호수
캠프장
어퍼 투메디슨 호수
록웰폭포
캠프장
투메디슨 호수
코발트 호수
보트 선착장
메인 캠프장
진입도로

코발트 호수 캠프장 — 어퍼 투 메디슨 캠프장 9km, 5시간

파란 하늘을 벌겋게 물들이던 아침 해가 차츰 밝아지면서 제일 먼저 시노파 산봉우리에 햇살이 닿습니다. 순간의 별천지를 사진기에 담아 봅니다. 아침 식단은 근처에서 수거한 야산 블루베리로 만든 팬케이크입니다. 야산 블루베리는 콜레스테롤이나 관절염에 좋은데, 곰도 좋아한다며 개인행동을 삼가라는 가이드의 조언입니다.

어퍼 투 메디슨 캠프장으로 이동합니다. 구름 한 점 없는 파란 하늘은 우리들 편입니다. 어제 올라왔던 트레일로 내려가 시노파 산의 뒤편에 있는 어퍼 투 메디슨 호수로 이동합니다. 가이드는 간혹 "우-우-우!" 하며 큰소리를 지르거나 손뼉을 칩니다. 이런 행동은 곰이 놀라지 말라는 신호입니다. 곰은 사람의 소리를 들으면 피하지만, 갑자기 마주쳤을 경우에는 문제가 생긴다고 합니다. 공원 규정에 의하면 가이드는 5명 이상의 트레커와 동반해야 한다고 합니다. 곰은 5명 정도의 사람을 만났을 경우에는 공격을 두려워하기 때문이라고 합니다.

트레일 중간중간, 가이드의 설명을 들으며 어퍼 투 메디슨 호수 백그라운드 캠프장에 도착하였습니다. 코발트 캠프장에서 9㎞ 거리입니다. 어퍼 투 메디슨 호수는 너비 약 300m, 길이 약 1,800m의 상당히 큰 호수입니다. 여름인데도 호수 언저리에는 하얀 눈이 버티고 있습니다. 야영장은 오늘도 달콤한 휴식과 함께 마음의 안정을 선물해 줍니다.

어퍼 투 메디슨 – 투 메디슨 캠프장 9km, 5시간

깊은 숲 속의 아침, 이슬방울이 보석같이 맑은 빛을 내뿜습니다. 곰 나라의 아침은 활짝 핀 야생화처럼 캠퍼들의 표정과 함께 눈부시게 피었습니다. 화장실로 가는 길에 사슴과 눈이 마주쳤습니다. 꼬리 아래 부분과 배가 하얀 놈이 하얀 꼬리를 높이 쳐들어 훔쳐보는 표정이 마치 아침 인사라도 하는 것 같습니다. 옆눈으로 힐끗힐끗 쳐다보며 어색한 거리를 유지하다 트래킹 일행들이 하나둘 모여들자 줄행랑을 쳤습니다.

1시간 정도 어제 올라왔던 트레일을 되돌아 나와 노네임 호수로 행합니다. 노네임 호수 주변에는 파인 트리, 도글러스 나무, 헉 베리, 틴블 베리가 많아 갈색곰이 많이 서식합니다. 호수 주변의 산 언덕에 박힌 눈이 보석처럼 빛납니다. 투메디슨 트래킹 코스에는 아름다운 호수와 숲 그리고 베리가 많습니다. 사람의 발길이 닿지 않아 때묻지 않은 곰 나라에는 로키의 아름다운 자연이 집약되어 있습니다. 계곡과 호수, 곰과 사슴, 동화 속의 아름다운 곰 나라답습니다.

318

하이라인 트레일 12km, 6시간

글레시어 국립공원에서 대표적인 트래킹 코스 중 하나인 하이라인 트레일은 로건패스에서 시작해서 더 룹(The Loop) 지점까지입니다. 글레시어 높은 산은 안개에 덮여 그 모습을 제대로 볼 수 없었습니다.

깊은 계곡 사이로 흐르는 물소리, 이름 모를 야생화를 렌즈에 담으며 한가하게 1시간 정도를 걸었습니다. 가파른 트레일로 이어지는 고울드 바위산은 구름으로 인해 그 모습이 시시각각 변합니다. 구름은 먼발치 아래서 둥실둥실 떠돌고 있고, 절벽과 암벽은 수억 년의 세월을 연상시킵니다. 발아래 수천길 낭떠러지를 쳐다보니 내가 하늘에 떠 있는 느낌입니다. 길 옆의 바위틈에 피어난 들꽃이 아름답게 빛납니다.

트레일을 시작하고 두어 시간 지났을 때 갑자기 검은 구름이 몰려왔습니다. 가까운 곳에서 인기척이 있어 살펴보았더니, 산양 한 마리가 다가옵니다. 목에 방울이 달린 것으로 보아, 공원에서 관리하는 산양인가 봅니다. 배가 고픈지, 아니면 몸이 불편한지, 애처롭고 힘빠진 표정입니다. 트레일 오솔길에는 산양의 분산물이 띄엄띄엄 갈겨 있습니다. 아마도 자기들 영역임을 표시해 둔 모양입니다.

그런데 그때 숲길에서 새끼 곰 1마리와 회색곰이 나타났습니다. 일행 중 한 명이 주의를 시키며 큰소리를 내지 말고 기다리자고 합니다. 우리는 곰이 숲 속으로 이동한 다음, 총총걸음으로 그곳을 빠져나왔습니다. 회색곰은 대개 1톤이 넘는 무게에 키는 농구선수보다 큽니다. 행동도 민첩하여 달리기 선수라도 당할 수가 없습니다.

늦은 오후시간, 캠프장으로 서둘러 돌아왔습니다. 오늘도 캠프장은 적막이 밀려옵니다. 하늘에는 별들이 흐르고 가까운 텐트에서 은은히 들려오는 80년대의 흘러간 음악을 듣고 있자니, 대학 시절의 젊은 추억들이 떠올랐습니다. 깊은 숲 속에서 흘러간 노래를 들으며 쏟아지는 별들을 보니 감동이 밀려옵니다. 주변 호수의 물소리가 텐트 속까지 채워 줍니다.

세인트 메리폭포 트레일 3km, 2시간

트레일 입구의 선포인트에서 바라본 세인트 메리 호수 주변은 산세가 무척 아름답습니다. 눈이 부시도록 푸르고 깊은 호수 위에 유람선이 관광객을 태우고 떠다닙니다. 삼라만상의 모든 근심과 걱정을 씻어 줄 듯 평화롭고 고요한 호수의 옥색 물빛은 신비함을 더해 줍니다. 세인트 메리폭포 트레일은 베어링 폭포, 버지니아 폭포로 연결됩니다.

버지니아 절벽에서 폭포수가 폭음을 내며 시원하게 떨어지는 모습은 보는 이의 가슴까지 울립니다. 눈 덮인 산에서 많은 물을 쉴 새 없이 토해 내는 풍경에 관광객들의 감탄사가 끊이질 않습니다. 피부 색깔과 언어는 달라도 감탄사 소리는 엇비슷합니다. 꾸불꾸불한 기암절벽 사이로 굽이져 흘러내리는 베어링 폭포, 세인트 메리 폭포의 옥같이 맑은 폭포수가 자연동굴로 빠져들어 마치 동화 속의 호수 같습니다.

파란 하늘과 산, 옥 같은 호숫물, 이글대는 태양이 세인트 트레일의 매력입니다. 도시를 벗어나 잡다한 스트레스를 잊어버릴 수 있는 캠핑은 매일 새롭고 항상 흥미롭습니다.

US National Park

· 사진으로 보는 미국 국립공원 ·

세계에서 가장 아름다운 요새미티 국립공원

세계 최대 사강암이 있는
요새미티 국립공원

커리 빌리지에서 보는
하프돔의 북서면

120m 가파른 쇠줄을 붙잡고 오르는
하프돔 북동면 전경

하프돔으로 이어지는 써브돔
트레일 전경

전문 산악인들이 주로 찾는 레이니어 국립공원

리플렉션 호수에 담긴
레이니어

열정과 인내로 오르는
레이니어 산악인들

지구의 역사가 숨어 있는 그랜드캐년 국립공원

겹겹이 킥백으로 이어지는 싸우스 카이밥
계곡 트레일

그랜드캐년의 싸우스림과 노우스 림을
연결하는 블랙 브릿지

석양에 드리워진 그랜드캐년
석양 풍경

수천길의 장엄한 그랜드캐년
계곡 풍경

미국 서부 3대 캐년 중 섬세하고
아름다운 브라이스 캐년 국립공원

브라이스 캐년의 퀸스가든 트레일에서
보는 후드 전경

캐년랜드 국립공원의 메사아치
일출 풍경

유타주의 상징물인 아치스 국립공원의
델리키트 아치

엘로스톤 국립공원 심장부
올드페이스풀

하늘로 치솟는 물기둥 30m 밖에서
관람하는 사람들

칼날같은 바위산 등성이를 오르는 엔젤스랜딩 트레일
– 자이언 국립공원

계곡의 풍경이 한눈에 들어오는 오브저베이션 포인트
- 자이언 국립공원

자연의 오묘함에 감탄하는 밤하늘의 오로라
– 페어뱅스 알래스카

포리크롬 전망대에서 보는 맥킨리
– 드날리 국립공원

백두산 천지보다 531m 높고 2.5배 넓은 크레이더 레이크.
세계 6위, 북미 1위 – 크레이더 국립공원

위지맨 피크 트레일 도중에서 보는
크레이더 레이크 일몰 풍경

5

미국 국립공원에 숨겨진 비경

올림픽

레이니어

그레이셔

크레이더
레이크

엘로스톤

배드랜드

그랜드티톤

큰바위 얼굴

아치스

요새미티

자이언

콜로라도
로키

브라이스

그랜드 캐년

텍사스 로데오

알라모

미국 국립공원에는 세계 최고를 자랑하는 아름답고 신비한 비경이 많습니다. 지구상에서 제일 먼저 지정된 국립공원이 있으며, 쉴 새 없이 용암을 분출하는 국립공원도 있습니다. 하늘을 찌를 듯한 절벽으로 둘러싸인 국립공원도 있으며, 가도 가도 물이 보이지 않는 국립공원도 있습니다. 제각기 경치는 다르지만, 저마다 다른 매력을 가지고 있습니다.

　30여 년 전, 미국 대륙횡단을 하며 광활하고 신비한 자연에 감탄한 적이 있습니다. 서부의 태평양 해안도로와 동부의 대서양 주변 경치는 아름다운 풍경을 넘어, 미국의 예술과 문화가 축척되어 있었습니다.

　미국의 국립공원에는 거친 자연이 그대로 살아 있는 독특한 비경들이 많습니다. 한마디로 보물섬 같습니다. 미국은 광대하여 지역마다 다른 특성을 지니고 있습니다. 기후가 그렇고, 산천초목 풍경도 그렇습니다. 서부의 사막지대와 협곡지대를 지나 로키산맥을 넘어 끝도 없는 중부 대평원과 비경들이 수없이 많습니다.

　이처럼 아름답고 경이로운 경관들이 집결되어 있는 미국 서부에는 콜로라도, 와이오밍, 몬태나, 유타, 캘리포니아, 네바다, 아리조나, 아이다호, 오레곤, 워싱턴의 10개주가 산악지대를 포함한 채 특별한 환경을 형성하고 있습니다. 2015년 현재, 미국은 59개의 국립공원을 보유하고 있습니다.

그랜드 캐년 국립공원
─ 아리조나주

그랜드캐년 국립공원은 미국에서뿐 아니라 세계적으로 유명한 곳입니다. 폭 8~25km, 계곡 높이 1.7km, 길이 445km로, 서울 ─ 부산 거리가 대협곡입니다. 협곡의 기암절벽 위에서 계곡을 바라보고만 있어도 감동이 밀려옵니다. 계곡 아래로 흐르는 콜로라도 강을 경계로 남과 북으로 공원이 나누어져 있습니다. 대표적인 트레일에는 브라잇 엔젤, 사우스 카이밥, 계곡상단의 림, 허밋, 그랜드 뷰 등이 있습니다. 매년 5백만 명 정도가 찾는 세계적인 국립공원입니다.

사우스 카이밥 ─ 브라이트 엔젤스 트레일 22km, 12시간

트레일 입구 경고문입니다.

"아침 10시, 오후 4시, 가장 더운 시간이니 오르막 트레일은 위험함. 30분 걷고 쉬세요. 탈진을 방지하려면 물을 자주 마십시오. 위험한 트레일인 만큼 안전은 본인이 챙기세요. 충분한 음식을 소지하고 자주 먹으세요. 하루에 완주하는 것은 무리입니다. 내려가는 것은 선택이지만 올라오는 것은 의무입니다." 경고문만 봐도 힘든 트레일임을 알 수 있습니다.

사우스 카이밥 트레일 입구, 야키 전망대에서 계곡 트레일을 내려다

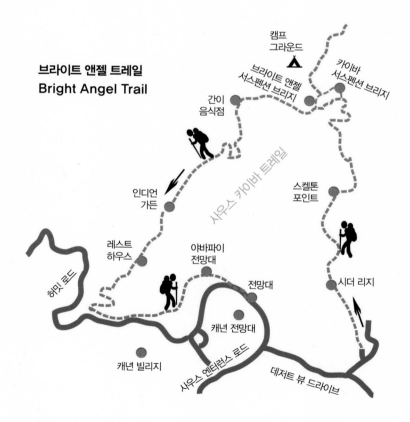

브라이트 앤젤 트레일
Bright Angel Trail

캠프 그라운드

브라이트 앤젤 서스펜션 브리지

카이밥 서스펜션 브리지

간이 음식점

사우스 카이밥 트레일

인디언 가든

스켈톤 포인트

레스트 하우스

야바파이 전망대

허밋 로드

전망대

시더 리지

캐년 전망대

캐년 빌리지

사우스 엔타런스 로드

데저트 뷰 드라이브

보니 현기증이 납니다. 절벽 아래로 내려가는 아찔한 트레일은 가히 예술입니다. 20여 분 후, 첫 번째 전망대인 오아 포인트로 내려가니 캐 년의 동쪽 전망이 활짝 트였습니다. 뒤따르던 트레커들이 연달아 함 성을 질렀습니다. 누구나 이곳에 서면 활짝 트인 전망에 반해서 "오- 아-!" 하며 함성을 지르기 때문에 '오아 전망대'로 부르게 되었답니다.

붉은 해가 그랜드 캐년을 붉게 물들이는 연출은 장관입니다. 계곡에 해가 스며드는 풍경이 이토록 엄숙한 것은 계곡의 지형 때문일지도 모 르겠습니다. 그랜드 캐년은 아름다운 해를 먹고 사나 봅니다. 아침 햇 빛이 시더릿지의 붉은 돌산을 더욱 진하게 물들였습니다. 트레일 입구 에서 1.5㎞ 지점에 내려오자, 그랜드 캐년의 진면목인 겹겹이 이어진 수천길의 장엄한 계곡 풍경이 이어집니다.

계속되는 킥벡 트레일로 시더릿지와 스켈톤 포인트를 지나 팁오프 포인트에 도착하였습니다. 팁오프 포인트는 톤토 트레일 교차점으로, 화장실과 비상전화도 있습니다. 트레일 입구부터 7㎞, 약 3시간쯤 내 려온 지점입니다. 화장실 입구에서 캐나다 토론토 대학에서 지질학을 전공한다는 학생 3명을 만났습니다. 그들은 그랜드 캐년이야말로 지질 의 변화를 눈으로 확인할 수 있는 유적지라고 찬탄하였습니다.

계곡에 노출된 암석은 크게 지하의 뜨거운 지열과 높은 압력으로 형 성된 암석, 화산활동으로 생긴 암석, 퇴적으로 생긴 암벽의 세 가지로 분류한다고 합니다. 콜로라도 강변의 가장 낮은 지층은 18억 년, 지열 로 생성된 암석은 약 10억 년, 화산활동으로 생긴 암석은 약 2억 7천만

년, 모래 색깔의 회색 퇴적암은 약 5백만 년 정도 되었다고 합니다. 그들의 해박한 지질학에 감탄을 하였습니다.

내리막 트레일로 들어서는데, 말을 타고 뮬 라이더(Mule Rider) 관광객이 올라옵니다. 뮬은 숫 당나귀와 암말이 교배한 잡종으로, 말보다는 적지만 힘이 세다고 합니다. 뮬 라이더 관광은 계곡 위에서 말을 타고 5시간 정도 계곡으로 내려가 팬텀랜치에서 일박하고 다음 날 올라오는 코스로, 경비는 약 500달러라고 합니다. 투어에 몇 가지 제약이 따르는데, 몸무게 90㎏ 이하, 키 1m 30㎝ 이상에, 영어를 할 줄 알아야 하고, 건강해야 하며, 임산부는 사절한다고 합니다.

계곡 온도는 섭씨 46도, 찜질방이나 다름없습니다. 물병의 물을 마셨더니, 뜨거운 물을 마시는 것만 같습니다. 계속되는 지그재그 황토길 트레일을 따라 콜로라도 강을 건너는 카이바 서스펜션 브릿지 터널 입구에 도달하였습니다. 트레일 초입부터 10.7㎞ 내려온 지점입니다. 바위틈에 피어난 선인장이 바위를 움켜잡고 생명을 이어 가는 모습이 신기롭습니다. 계곡에는 흰색 달맞이꽃, 노란 엘로래그위드 등 650여 종의 야생화가 자란다고 합니다. 메마른 황토에서 아름다운 꽃을 피우는 자연의 힘이 경이롭습니다.

콜로라도 강을 건너는 블랙 브릿지에서 래프팅을 하는 사람을 보았습니다. 고무 보트를 타고 강물의 흐름에 따라 내려가는 관광객입니다. 콜로라도 강은 캐니언 댐에서 시작하여 443㎞ 그랜드 캐년을 지나 후버댐의 미드 호수로 들어갑니다. 강폭은 평균 90m, 수심은 평균

12m로, 에메랄드빛을 머금고 있습니다.

콜로라도 강변 트레일을 10여 분 걷다 두 갈래 팻말이 나왔습니다. 오른편으로는 팬텀랜치가, 좌편으로 들어서면 강변 보트 선착장이 보입니다. 아름드리나무 아래 쉼터와 통나무 오두막은 사막의 별장 같습니다. 4시간을 걸려 트레일 입구에서 11.4㎞ 지점에 내려왔습니다. 콜로라도 강변에 발을 담구고 휴식을 취하며, 수백 미터 높이의 절벽 아래 굽이굽이 흐르는 콜로라도 강에서 신비한 자연의 숨결을 느꼈습니다.

트레일 입구와 계곡 밑의 온도차가 극심합니다. 겨울에는 계곡 밑이 온화하고, 여름에는 계곡 밑이 더 덥습니다. 강변도로를 따라 10여 분 걷다가 사우스 카이바 트레일로 내려와 브라이트 앤젤 트레일로 올라갑니다. 콜로라도 강을 연결한 실버 브릿지를 건넜습니다. 강변에 위치한 2개의 다리는 콜로라도 강의 남쪽과 북쪽을 연결하는 유일한 다리입니다.

콜로라도 강변에서 까마득하게 올려다 보이는 사우스림 정상까지는 15㎞, 빨리 걸어도 8시간이 걸립니다. 해가 지기 전에 올라가지 못할 것 같습니다. 작렬하는 태양열을 온몸으로 받으니, 타오르는 갈증은 견디기 힘듭니다. 내 인생에 오늘같이 많은 물을 마셔 본 적은 아마 없을 겁니다.

브라잇 엔젤 강변 모래길은 신발이 모래에 빠지는 바람에 빨리 걸을 수도 없습니다. 콜로라도 강변 휴게소에서 브라잇 엔젤 트레일로 들어섰습니다. 본격적으로 림을 향해 오르는 트레일입니다. 비지땀을 흘리며 2~3시간쯤 올라가니 계곡에서 물소리가 들렸습니다. 개울가에서 한동안 물소리만 듣고 있어도 행복하였습니다.

가파른 오르막 트레일을 오르고 또 올라 인디언 가든에 도착하였습니다. 숲이 무성한 인디언 가든에는 수도물, 화장실, 피크닉 테이블, 비상전화, 캠프장도 있습니다. 트레일 도중에 휴식을 취할 수 있는 유일한 장소입니다. 인디언 캠프장에서는 배낭을 높은 나무에 매달아 둔 광경을 볼 수 있는데, 야생동물로부터 음식을 보호하기 위한 것입니다. 캐년에는 퓨마(Mountain Lion)와 캘리포니아 콘도르가 살고 있습니다. 콘도르는 3m의 큰 날개를 가졌으며, 170여 마리가 계곡에 서식한다고 합니다.

해가 기우니 절벽이 그늘을 만들어 주어 한결 걷기가 쉽습니다. 숨을 몰아쉬며 '스리마일 레스트 하우스'에 오르니 화장실, 물, 비상 전화가 설치되어 있습니다. 트레일 종점까지는 5㎞가 남은 지점입니다. 계속하여 가파른 스위치 백 트레일을 걷다 '마일 앤 해프 레스트 하우스'에 도착하였습니다. 이제 트레일 헤드까지 2.6㎞ 남았습니다.

엔젤스 랜딩 트레일 입구에 올라와 시계를 보니, 오후 6시가 조금 넘었습니다. 12시간의 힘든 트레일이었지만, 별처럼 반짝이는 아름다운 추억으로 기억될 것입니다. 그랜드 캐년에 4번을 왔지만 올 때마다 새롭고 다르게 느껴집니다.

요새미티 국립공원
─ 캘리포니아주

요새미티 국립공원은 제주도 2배 정도의 크기로, 독특한 바위산이 많습니다. 와우나 터널 전망대에 들어서니 요새미티 계곡의 거대한 돌산과 폭포로 둘러싸인 풍경이 고개를 내밀었습니다. 곧바로 엘 캐피탄, 하프돔, 클라우드 레스트, 센티넬 록, 캐더럴 록, 브라이덜베일 폭포, U자형 밸리, 요새미티 명물들이 한눈에 들어옵니다. 세계 최대 화강암 엘 캐피탄은 암벽 높이만 415m에 달해, 록 클라이머들의 로망으로 "엘캡"이라 불립니다. 주변에는 바위 하나가 산보다 큰 것이 수없이 많습니다.

요새미티 밸리 한가운데 위치한 커리 빌리지는 유명세로 곤욕을 치릅니다. 사람도 용모가 빼어나면 기구한 삶을 살듯이 자연도 빼어나게 아름다우면 시달림을 받나 봅니다. 요새미티 계곡에는 어퍼파인,

로어파인, 백팩커스, 캠프포, 총 4개의 캠핑장이 있습니다. 3월 말부터 11월 초까지 오픈하는 캠프포와 백팩커스는 선착순이며, 어퍼파인 캠프장은 일년 내내 오픈합니다.

요새미티는 미국 어느 국립공원보다 트레일이 많고 광범위하여 대충 5개 지역으로 분류합니다. 이 중에서도 관광객들이 제일 많이 찾는 곳은 요새미티 계곡, 글레시어 포인트와 와오나, 티오가 패스, 헤치헤치 밸리, 시에라 지역입니다. 대표적 트레일은 미스트 트레일에 있는 하프돔 트레일과 파노라마 트레일입니다.

하프돔 트레일 왕복 28km, 13시간

요새미티에서 대표적인 트레일은 '하프돔 트레일'로, 하프돔이란 거대한 화강암 바위 정상 부분이 반으로 갈라져 붙여진 이름입니다.

새벽 6시경, 어퍼파인 캠프장 앞 주차장은 헤드랜턴 불빛으로 아침을 밝힙니다. 인생을 추억으로 산다는 사람들과의 대화에는 우정도 담겨 있습니다. 우리는 같은 길을 걷고 있는 이유 하나만으로도 친구가 됩니다. 우연한 인연으로 만난 그들과 또 하나의 추억을 만드는 날입니다.

하프돔 케이블은 메모리얼 데이부터 콜럼버스 데이까지 오픈합니다. 해프돔 퍼밋을 받으려면 매년 3월 1일부터 3월 31일까지 시행하는 로또 신청을 해야 합니다. 이 기회에 떨어지면 신규 신청자는 데일리 로또에 참가할 수 있습니다. 개인 사정에 의해 취소한 사람들의 자리를 메꾸기 위해 하프돔 트래킹 2일 전에 신청을 받습니다. 만약 허가 없이 올라가다가 발각될 경우에는 벌금 5,000달러나 6개월 구금형을 당합니다.

미스트 트레일은 버널폭포, 네바다 폭포를 구경하며 하프돔을 오르는 트레일입니다. 머시드 리버 브릿지를 건너 우편으로 꺾어지는 미스트 트레일 입구에는 하이 씨에라 룹 이정표 팻말이 있습니다. 하프돔 트레일을 이해하기 쉽도록 총 네 개의 트랙으로 나누었습니다.

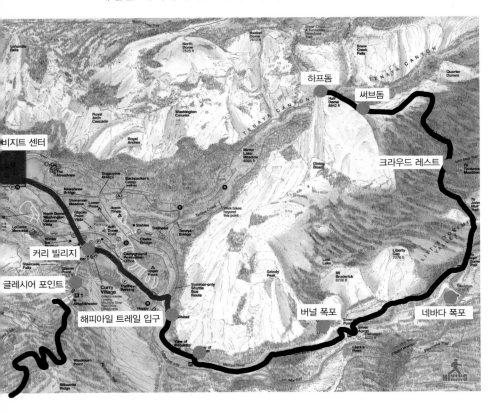

A: 해피아일 트레일 입구 – 네바다 폭포 상단

B: 네바다 폭포 – 크라우드 레스트

C: 크라우드 레스트 – 서브돔 정상

D: 서브돔 정상 – 하프돔 정상

A: 해피아일 트레일 입구 – 네바다 폭포 4.3km, 2시간

트레일 입구에서 머시드 강을 건너면 화장실과 상수도가 있습니다. 가파른 화강암 돌계단을 오르면 손에 잡힐 듯한 거리에 버널폭포가 눈과 마음을 시원하게 해 줍니다. 97m 폭포의 아름다운 물줄기가 바람에 휘어져 안개처럼 부서집니다. 출발점부터 2.4㎞ 지점입니다. 트레일은 경사가 가파른 돌계단으로 이어지는데, 절벽 계단에는 쇠파이프가 난간으로 연결되어 있어 안전합니다. 절벽 보호대를 지나면 버널폭포 상단으로 올라갑니다.

버널폭포 상단의 에메랄드 풀에 접어들면 한여름에도 한기가 느껴질 정도입니다. 이곳에서 바라보는 리버티캡과 브로드릭 산의 자태는 마치 아름다운 여인의 모습처럼 아름답습니다. 거울같이 맑은 하늘 아래, 트레커들은 한동안 냇가에 둘러 앉아 행복한 시간을 보냅니다. 에메럴드 폴에서 조금 오르면 머시드 강을 건너는 통나무 다리가 나옵니다. 통나무 다리 위에서 에머럴드 풀을 아래로 바라보는 계곡의 풍경도 아름답습니다.

네바다 폭포 상단을 향해 오르는 트레일은 경사가 급해 스윗치 백을 수없이 되풀이합니다. 가파른 킥백 돌계단을 30여 분 오르면 네바다 폭포의 상단에 도착합니다. 네바다 폭포는 수직이 아니라 50~60도의 각이 있는 미끄럼틀 같은 폭포입니다. 버널폭포와는 견주지 못하지만 트레일 중간 지점에서 바라본 폭포 위의 하늘은 푸르다 못해 진한 옥색입니다. 진옥색 하늘은 네바다 폭포의 아름다움을 더욱 빛나게 해 줍니다.

네바다 폭포 위 실버 애프론 지점에는 화장실이 있습니다. 이곳에서 좌편은 하프돔, 오른편은 미스트 트레일로 갈라집니다. 하프돔은 계속 좌측 트레일만 따라 오릅니다. 트레일 출발점부터 가파른 계곡을 끼고 2.4㎞ 오른 지점이며, 미스트 트레일 교차점입니다.

B: 네바다 폭포 — 크라우드 레스트 4.5km, 2시간

네바다 폭포를 지나 리틀 요새미트 밸리로 진입합니다. 완만하고 평탄한 숲 속을 걷다 보면 보이는 하프돔 상단의 하얀 봉우리가 인상적입니다. 야전 군용 밥뚜껑 같은 형태입니다. 끝없이 높은 더글라스 나무 숲을 지나는데, 솔방울 하나가 어린애 머리 크기만 합니다. 숲길 우측으로 간이 화장실이 나오고, 개울물 소리도 들립니다. 리틀 요새미티 밸리 지역으로, 네바다 폭포에서 2㎞ 정도 오른 지점입니다.

다시 가파른 오르막 숲 속을 30여 분 오르면 서브돔 트레일 팻말이 나옵니다. 이곳에서 오른편은 크라우드 레스트 트레일이며, 좌편은 하프돔 트레일입니다. 이곳에서는 하프돔의 또 다른 모습을 볼 수 있습니다. 하프돔 허가를 받은 사람만이 들어갈 수 있습니다. 네바다 폭포를 지나 4.5㎞ 오른 지점입니다.

C: 크라우드 레스트 – 서브돔 정상 3.2km, 시간 30분

크라우드 레스트 트레일 분기점에서 서브돔 입구로 향합니다. 트레일 우편으로는 미스트산, 테나야 캐논의 노스 돔, 바스켓 돔, 스노 크릭이 손에 잡힐 듯합니다. 하프돔 퍼밋 체크 포인트에 도착했는데, 이상하게도 하프돔은 보이지 않고 서브돔만 보입니다. 서브돔 역시 하프돔과 같이 가파르고 위험하기 때문에 서브돔 입구에서 일반 트레커들의 출입을 통제하고 있습니다.

레인저가 아이패드로 하프돔 퍼밋을 일일이 검사합니다. 하프돔을 오르려면 공원 관리소에서 발행하는 허가증을 발급받아야 합니다. 일일 250명에 한해서 허가를 해 주는데, 보통 연초에 신청이 끝납니다. 이곳은 크라우드 레스트 분기점에서 3.2㎞, 서브돔 트레일 입구부터 40분 정도 오른 지점입니다. 70도에 가까운 서브돔 돌산은 스윗치 백을 수없이 되풀이하며 오릅니다. 트레일이 없는 곳에서는 앞서 오르는 사람의 방향을 보고 올라야 합니다.

D: 서브돔 정상 — 하프돔 정상 120m, 30분

신발끈을 꽉 조이고, 고정된 쇠줄을 붙들고 10여 분은 쉽게 올랐으나 그다음부터는 팔다리가 후들거립니다. 손과 발에 힘이 들어가니 더 긴 장됩니다. 발 힘보다는 손 힘으로 오릅니다. 20여 분 가파른 쇠줄에 의 지해 오르다가 잠시 주변 풍경을 사진기에 담았습니다. 뒤따라 오르던 노란 셔츠를 입은 숙녀가 자기를 찍어 달라며 큰소리로 말했습니다. 그 소리는 겁에 질린 듯 보였으나 표정만큼은 행복해 보입니다.

나의 체력은 30분이 지나 이미 바닥이 났습니다. 다시 마음을 붙들 고 올라갑니다. 그리고 마침내 트레일 출발점부터 11.3㎞를 6시간 만 에 올랐습니다. 숨이 가빠 드러누워 숨을 크게 들이마셨습니다. 눈물 이 핑 돌면서 웃음꽃도 피었습니다.

"멍청한 도전이지! 칠순을 넘기고!"

두 손에 의지해 간신히 일어섰습니다. 주위에는 온통 바위입니다. 정상의 넓이는 큰 축구장만 하며, 안전 철조망도 없습니다. 북쪽 계곡 의 난간에서 록 클라이머가 올라옵니다. 아침 9시에 출발해서 4시간 만에 올랐다고 합니다. 그들은 지쳐 보였지만, 어김없이 행복한 모습 입니다. 열정과 인내가 하프돔을 오르게 합니다.

하프돔 정상으로 오르는 120m, McAllister's Cable은 1919년에 처음 설치되었으나 1934년과 1984년 2번의 교체작업을 하였습니다. 하프돔 은 미국에서 가장 위험한 트래킹 코스 중 하나로, 매년 300건 정도의 추락사고가 발생합니다. 두 줄의 쇠줄이 평균 53도 각도로 4~5걸음마다 쇠기둥을 박고 가로로 2×4 크기의 나무판자가 가로질러 있습니다. 하프돔을 오르는 사람은 오른쪽, 내려오는 사람은 왼쪽 쇠줄을 사용합니다. 하프돔 정상은 기후의 변화가 심해 늦어도 오후 3시에는 하산해야 합니다.

절벽 가까이 다가가 사진을 담는 사람들을 보니 현기증이 납니다. 하프돔을 내려오는 것도 오르는 것만큼이나 어렵습니다. 앞서 내려가는 사람의 뒤를 따라 오금을 저리며 올라왔던 자세로 하늘을 보며 뒷걸음으로 내려갑니다. 케이블을 놓치면 생명과 직결되기 때문에 정신을 바짝 차리고 내려갑니다. 올라올 때보다 케이블이 더 수직으로 느

껴집니다. 위를 오를 때는 암벽등반 자세로, 내려올 때는 캐니어니어링 자세를 취합니다. 조금 전까지 바위 위에 누워서 트래킹을 즐기던 사람들이 케이블에 매달려 올라오는 사람들에게 먼저 올라가라고 말을 주고 받습니다. 배낭이 크면 서로 부딪쳐 자칫 사고로 이어질 수 있기

때문입니다. 안전벨트에 카라비너를 끼고 내려오기도 하고, 록 크라이머들이 신는 TDR신발을 착용한 사람도 있습니다. 주변의 산은 석양에 빛나 더욱 아름다운 자태를 뽐냅니다.

30여 분 만에 하프돔을 내려왔습니다. 내려왔던 케이블을 올려다보니, 내가 저곳을 올랐다는 사실이 믿어지지 않습니다. 캠프장은 돌산과 숲으로 가려져 밤이 빨리 찾아옵니다. 순간의 행복감과 아름다웠던 시간들을 되새기는 밤은 그리 길지 않습니다.

파노라마 트레일 14km, 5시간

파노라마 트레일은 파노라마처럼 펼쳐진 요새미티 계곡의 아름다운 경치를 맛보며 걷는 트레일입니다. 트레일 초입부터 내리막길입니다. 건너편 하프돔과 네바다 폭포가 정면에 보입니다. 일루엣 폭포를 지나면서 다시 오르막길이 시작됩니다. 트레일 초입에서 본 해프돔과 트레일 중간 지점에서 보는 해프돔의 모습은 많이도 다릅니다. 트레일 어느 곳에서도 해프돔을 구경할 수 있습니다. 트레일은 파노라마 절벽을 지납니다. 일루엣 폭포와 해프돔 사이의 절벽이 보이는 곳이 파노라마 절벽입니다. 한동안 오르막길을 걷다 보면 위쪽 요새미티 폭포와 아래쪽 요새미티 폭포를 보며 지나가게 됩니다. 뒤편으로 로열아치와 워싱턴 칼럼이 보이는데, 워싱턴 칼럼은 록클라이머들이 즐겨 찾는 곳입니다.

요새미티를 2번 갔어도 여전히 또 가 보고 싶습니다. 샌프랜시스코에 산다는 한 트레커는 10여 년을 다녔지만 트레일이 많아 생전에 다둘러볼 수 있을지 궁금하다고 합니다.

엘로스톤 국립공원
— 와이오밍주

엘로스톤 서쪽 입구 매디슨 타운은 통나무로 지은 아름답고 깨끗한 고급 호텔과 아담한 통나무 집들로 이채로운 풍경을 자아냅니다. 아름다운 캐빈들로 인하여 도시가 젊어 보입니다.

엘로스톤 공원 입구는 이른 아침부터 차량 대열이 길게 늘어섰습니다. 과연 기다리는 문화가 지구상에서 제일 발달된 나라답습니다. 공원 입구를 통과하니, 개울가에서 한가롭게 풀을 뜯는 버팔로와 사슴 그리고 낚시하는 사람들의 풍경이 평화롭습니다.

공원 내 차량 속도는 동물보호를 위해 40㎞ 이내로 제한합니다. 과속으로 인해 일 년에 100여 마리의 버팔로가 죽어 나간다고 합니다. 엘로스톤은 지금도 지각 운동이 일어나 유황물이 분수처럼 터져 올라오는 간헐천이 만여 개나 됩니다. 광활한 초원은 동물들의 천국입니다.

한가롭게 다니는 동물 때문에 교통혼잡은 말도 못합니다. 친구를 하자며 다가오는 버펄로도 있습니다.

공원 크기는 경기도 정도로, 그랜드 캐년보다 세 배가 넘는 방대한 땅입니다. 여름철에는 6개의 입구를 오픈하나, 겨울철에는 동과 북의 두 곳 출입구만 개방합니다. 해발 3천 미터의 고산지대라 한여름인데도 텐트 속의 밤은 초가을처럼 싸늘하기만 합니다.

공원 북쪽으로는 약 200만 년 전 지각 변화로 화석이 된 나무기둥을 볼 수 있습니다. 보통의 나무화석은 넘어진 상태로 발견되는데, 이 화석은 수직으로 서 있는 것이 특이합니다. 땅 밑에서 뜨거운 물이 끓어오르는 것을 보니 지옥이 연상됩니다. 끝이 보이지 않을 만큼 넓은 엘로스톤 호수는 큰 바다 같습니다.

옐로스톤 심장부 ─ 올드 페이스풀, 맘모스 온천

엘로스톤 제일의 명소는 올드 페이스풀 파운틴입니다. 아침부터 주차장은 초만원입니다. 공원 내에서 제일 큰 올드 페이스풀은 정확하게 70~80분마다 3~4분 동안 온천수가 40~50m 높이까지 솟구칩니다. 하루에 16회에서 20회 정도 뜨거운 물기둥이 하늘을 향해 뿜습니다. 관광객들은 뜨거운 물을 피해 50m 밖에서 구경합니다. 자연의 미묘함에 감탄하며 말문을 잃습니다. 온천수는 땅 밑의 암석이 녹으면서 나오는 물기둥입니다.

공원의 심장부인 올드 페이스풀 호텔은 100년 이상 된 통나무로, 1904년에 건축되었습니다. 모양도 독특하지만, 내부에는 27m 초대형 통나무 천장이 이채롭습니다. 이 호텔은 1988년 자연화재 때 소방요원들의 노력으로 불길을 모면하였다고 합니다.

공원북쪽 맘모스 온천으로 이동합니다. 엘로스톤 박물관과 공원의 본부가 있으며 호텔, 음식점, 기념품점이 있는 곳입니다. 핫스프링 호텔 입구에 많은 사람들이 모여 진지하게 이야기를 하고 있어 귀동냥을 하였습니다.

트래킹을 하던 57세 남성이 그리즐리 곰의 공격으로 목숨을 잃었답니다. 곰을 보고 소리를 질렀으나 구조 요원들이 도착했을 때는 이미 숨진 상태였다고 합니다. 곰이 새끼를 보호하기 위해 사람을 공격한 것으로 보인다는 공원 측의 말입니다. 새끼에 대한 사랑은 사람이나 동물이나 마찬가지인가 봅니다. 공원에서 곰의 공격으로 사람이 숨진 것은 1986년 이후 처음이라고 합니다.

아티스트 포인트, 언클 톰 트레일

언클톰스 트레일은 엘로스톤에서 가장 인기 있는 트레일입니다. 아티스트 포인트로 가는 왕복 1.6㎞ 트레일은 완만합니다. 절벽에 붙어 있는 400여 개의 철제 계단을 따라 내려가면서 폭포의 웅장한 모습을 감상할 수 있습니다. 아티스트 포인트에서는 폭포, 엘로스톤 강줄기,

그리고 주변의 절묘한 풍경을 볼 수 있습니다. 엘로스톤에서 가장 인상 깊었던 곳 중 하나입니다.

공원 곳곳에서 버팔로 사진을 담다가 들소들의 공격으로 사고가 자주 발생합니다. 2015년 공원 당국은 들소 1,000 마리를 죽이기로 결정하였습니다. 현재 공원에는 5,000여 마리의 들소가 있는 것으로 추정됩니다.

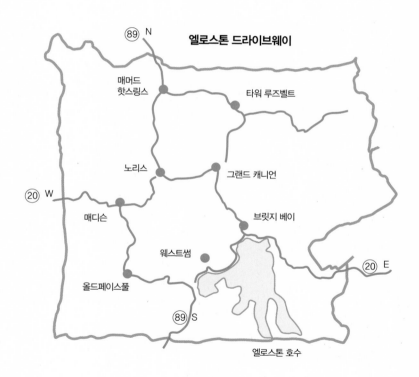

그랜드 티톤 국립공원
― 와이오밍주

엘로스톤의 남쪽 입구에서 13㎞ 거리에 있는 그랜드 티톤 국립공원으로 달립니다. 티톤은 엘로스톤 면적의 7분의 1 정도이나 8개의 크고 작은 호수와 야생화가 많아 알프스를 연상할 만큼 아름답습니다. 광활한 늪지대와 별장, 하얀 눈으로 뒤덮인 높은 산봉우리, 맑은 시냇물, 울창한 숲이 있어 아름다운 별장도 많습니다. 매년 5백만 명의 관광객이 찾는 휴양지입니다. 그리고 유명한 등산학교가 있어 산악훈련장으로도 유명합니다.

잭슨호수 동편의 해발 2,355m 시그널 산에 오르니, 그랜드 티톤 산맥의 고봉들이 한눈에 들어옵니다. 티톤의 풍경은 설산과 잭슨 호수에 뱃놀이 하는 배가 어울려 아름다운 휴양도시임을 직감케 합니다. 호수를 끼고 있는 세 봉우리를 "르 트로와 티턴"이라 부릅니다. 프랑스어로

'세 개의 가슴'이란 뜻입니다. 태양빛을 받아 찬란하게 빛나는 신비로운 제니온 호수 뒤 설산 풍경이 아릅답습니다. 이곳에는 고급 개인주택과 콘도미니엄, 아담한 통나무집, 그리고 유명 브랜드 상점도 있습니다. 고급 음식점과 옷가게, 스키 장비 가게와 기념품점이 있어, 알프스 같은 느낌을 받습니다.

인스피레이션 포인트 트레일

티톤에서 인기 있는 트레일로, 제니 호숫가 선착장에서 셔틀보트를 타고 건너편 서쪽 선착장에서 시작됩니다. 왕복 3.2㎞, 2시간 정도가 걸리는 인스퍼레이션 전망대 트레일은 몇 번의 스위치 백을 하며 오릅니다. 전망대에서 바라보는 제니호수는 평화로움을 느끼게 합니다.

제니 레이크 캠프장 밤하늘에는 큰 별도 많고 바람도 찾아 주어 별천지입니다. 가까운 곳에서 동물들의 소리, 바람소리, 자연의 소리, 환한 달빛이 주변을 아름다운 풍광으로 그려 냅니다.

자이언 국립공원
― 유타주

유타주 남서쪽에 위치한 자이언 국립공원은 그랜드 캐년, 브라이스 캐년과 더불어 '미국 서부 3대 캐년'으로 불립니다. 특히 붉고 하얀 암반의 독특한 지형으로 둘러싸여 신비로움을 자아냅니다. 자이언 캐년에서 대표적인 트레일로는 엔젤스 랜딩, 옵저베이션 포인트, 내로우 등이 있습니다.

엔젤스 랜딩 8km, 4시간

천사들도 쉬어 간다는 아름다운 엔젤스 랜딩은 깎아지른 듯한 높은 절벽 바위로 오르는 트레일입니다. 그로토 셔틀버스 정거장에서 버진 강의 철교를 건너 황토색 자갈길과 포장도로를 20여 분 걷다 험난한 킥백 트레일로 접어듭니다.

첫 번째 산언덕을 넘는 데만 무려 50여 분이 걸립니다. 그리고 깊은 계곡길을 20여 분 지나 가파른 '월터스 위글' 킥백 트레일로 접어듭니다. 월터스 위글은 1926년 엔젤스 트레일을 설계한 공원 관리인의 이름입니다. 가파르고 좁은 바위로 이어지는 21개의 킥백 트레일은 가히 일품입니다.

월터스 위글 킥백 트레일을 20여 분 오르면, 전망이 좋은 스카웃츠 룩아웃에 이릅니다. 이곳은 아름다운 자이언 계곡을 한눈에 내려다볼 수 있는 곳입니다. 트레일 입구에서 1시간 30분 정도 올라온 지점입니다. 룩아웃 갈림길에서 좌편은 웨스트 림 트레일로 연결되고, 오른쪽 800m 트레일 끝 지점에 엔젤스 랜딩 전망대가 있습니다.

전망대로 가는 깎아지른 산등성이 트레일로 접어들었습니다. 절벽 바윗길은 쇠사슬을 잡고 지날 수 있도록 안전장치가 설치되어 있습니다. 초입부터 바위 절벽에 설치된 쇠사슬에 의지해 온몸과 싸우며 오릅니다. 트레일 양쪽 절벽은 454m 낭떠러지로 현기증이 날 정도지만, 주변 절경에 취한 등산객들은 마냥 행복한 모습입니다.

정상에 가까워 갈수록 등산로는 가파르고 험하여 균형을 잃고 쇠사슬에 매달리는 아찔한 순간도 다가옵니다. 칼등 같은 능선 트레일 양쪽으로 높은 봉우리가 굽이굽이 이어져 한 폭의 그림 같습니다. 깎아지른 수직 절벽, 칼등능선에서 좌우를 살펴보니 이리 봐도 낭떠러지, 저리 봐도 까마득한 벼랑입니다. 뒤따르는 사람들도 고소공포증과 어지럼증을 느껴 얼굴색이 노랗습니다.

그럼에도 불구하고 많은 사람들이 힘들게 오르는 이유는 정상에서만 볼 수 있는 독특한 풍경이 있기 때문입니다. 하늘을 걷는 느낌으로 신선이 놀고 간다는 전망대에 올랐습니다. 전망대 주변 바위는 상당히 넓습니다. 가슴을 펴고 천천히 벼랑 끝으로 걸어가 보니, 내가 그림 속으로 들어가는 기분입니다. 깎아지른 절벽과 돌산이 자이언 계곡을 첩첩이 둘러쌌습니다. 무한한 행복감과 즐거움에 갈 길을 잠시 잃었습니다.

자이언 계곡 주변은 붉은 암벽이 주변을 온통 붉은색으로 물들였습니다. 멀리서 몰려오는 파도치는 구름 위에 신선들이 내려올 것 같은 느낌을 받았습니다. 세상 사람이 신선을 만나려면 여기가 아닌가 싶습니다. 이처럼 전망대에서는 자이언 최고의 진풍경을 볼 수 있습니다. 무엇이든지 끝까지 노력하면 꿈을 이룰 수 있다는 교훈을 주는 트레일입니다.

10여 년 전에 왔던 곳이지만, 같은 장소라도 계절에 따라 보이는 풍경이 다른 것은 기후가 다를 뿐만 아니라 여행 목적 또한 다르기 때문일 것입니다. 천사의 계곡에서 밝고 아름답고 행복하였던 시간을 가슴 한편에 오래도록 간직하렵니다. 쇠사슬에 매달려 아슬아슬하게 절벽을 올랐던 아름다운 도전이었습니다.

오브저베이션 포인트 12km, 6시간
자이언 국립공원 5개의 트레일 중에서 가장 힘든 코스입니다. 계속

해서 오르막 트레일로 연결되기 때문입니다. 자이언 계곡의 여름은 섭씨 38도를 웃돌고, 겨울에는 많은 눈이 내립니다. 백팩커들은 웅장한 계곡의 풍광을 보기 위해 봄이나 가을철을 선호합니다.

트레일 초입부터 급경사 킥백 트레일이 시작됩니다. 산 정상으로 이어지는 트레일은 캐년의 높은 봉우리를 내려다보며 걷기 때문에 단연 인기 코스입니다. 힘겹게 첫 번째 산을 넘고 에코캐년 협곡으로 들어

서자, 협곡 양쪽으로 겹겹이 싸인 붉은 바위산이 웅장함을 자랑합니다. 돌바위 계곡길은 흙도 없는 바윗길입니다. 트레일 입구에서 2.5㎞ 지점입니다.

에코캐년을 지나 가파른 황토밭 트레일 주변에 빨강, 노랑, 하얀색의 선인장 꽃이 가시 속에 두꺼운 갑옷을 입고 불같은 사랑으로 피었습니다. 비옥한 정원에서 피는 꽃같이 무리를 지어 피어 있습니다. 선인장은 건조한 환경에서 고독을 먹고 자라나 봅니다. 메마르고 척박한 곳이지만 파란 하늘을 마주하며 꿈을 먹고 사는 것 같습니다.

에코캐년을 지나 계속되는 급경사 트레일 절벽 바위틈에 새빨간 꽃망울의 인디언 야생화는 너무나 아름답게 피어 있습니다. 사막에서 장미를 보는 느낌입니다. 아마도 사랑에 빠졌나 봅니다. 아니, 절벽 틈에서 소중한 도전을 하고 있는지도 모릅니다.

한동안 절벽에 매달린 트레일을 힘겹게 오르다 완만한 트레일로 들어서면 갈림길이 나옵니다. 트레일 초입에서 4.5㎞ 지점입니다. 우편은 이스트 림 트레일, 좌편은 오브저베이션 전망대로 가는 트레일입니다. 이곳에서는 활짝 트인 자이언 계곡의 윤곽을 볼 수 있습니다. 좌편으로 접어들어, 오브저베이션 전망대에 도착했습니다. 신비로운 자이언 계곡과 건너편 아래로 내려다보이는 엔젤스 랜딩 전망대가 한눈에 들어옵니다. 사람들이 눈을 피해 꼭꼭 숨어 있던 자이언 계곡이 숨이 막힐 정도로 오묘한 자태를 선보입니다.

오브저베이션 포인트에서 이스트 림 트레일로 내려오다 히든캐년 트레일로 들어섰습니다. 초입부터 가파른 킥백 오르막 트레일입니다. 가파른 절벽에 설치된 15m의 쇠사슬을 붙들고 돌아가니 내리막 트레일로 이어졌습니다. 그리고 다시 50개의 돌층계를 올라 이어지는 수직절벽에 고정된 17m 의 쇠줄과 20m의 쇠사슬을 붙들고 절벽 난간을 지날 때는 주변을 둘러보기만 해도 현기증이 일었습니다.

한 걸음씩 발을 내딛으며 조심스럽게 올라 넓은 바위에 섰습니다. 탁 트인 계곡과 하늘, 발아래로는 비그벤드(Big Bend)와 더오간(The Organ) 절벽이 까마득하게 내려다보입니다. 다음 절벽을 넘으면 어떤 풍경이 펼쳐질까, 궁금함과 설레는 마음에 다시 절벽을 넘었습니다. 혹시 실수라도 하여 절벽 아래로 곤두박질한다고 생각하니, 갑자기 현기증이 찾아왔습니다. 죽음의 문턱에 매달려 있다는 불안한 느낌에 떨리는 손을 뻗어 쇠사슬을 꽉 붙잡았습니다. 몸에서 진이 빠졌습니다.

1시간 정도의 짧은 트레일이었지만, 절벽에 매달려 쇠사슬에 의지해서 절벽을 넘는 도전이었습니다. 되돌아 나와 트레일 초입에 있는 눈물을 흘린다는 위핑락으로 올라갔습니다. 메인 트레일에서 10여 분 거리입니다. 눈물처럼 물이 방울방울 떨어지는 바위절벽 사이로 걷는 것도 정겹습니다.

　내로우 트레일은 버진강을 따라 꾸불꾸불한 좁은 강물 바닥을 걸으며 아름다운 계곡 경관을 보는 트레일입니다. 셔틀버스를 타고 시나와바 종점에서 내립니다. 버진강 물길을 따라 걷는 3.2㎞ 리버사이드 트레일은 1시간 정도 걸립니다. 그리고 리버사이드 트레일이 끝나면서 내로우 트레일이 시작됩니다.

　이 협곡은 신이 머무른다는 곳으로, '신의 계곡'이라 불립니다. 물길은 발목, 무릎, 허리까지 차지만, 자이언 계곡의 속살을 볼 수 있는 트레일입니다. 자이언 계곡의 생태계를 "행잉가든"이라고 부르는데, '하늘에 매달린 정원'이라는 의미입니다.

　5월 초순, 눈 녹은 물이라 조금은 차가웠습니다. 일부 관광객은 트레일 입구에서 깊은 물길을 포기하고 돌아가기도 합니다. 세찬 물길을 비켜 지그재그로 물살을 살피며 가로질러 걸었습니다. 강바닥의 크고 작은 돌에 걸려 넘어지는 사람도 종종 있습니다. 물살이 강한 곳에서는 한발 한발 힘을 주어 내딛어야 물살에 휩싸이지 않습니다. 깊숙이 상류로 올라갈수록 계곡은 좁아졌다가 넓어지기도 합니다.

　계곡 양쪽의 웅장한 바위들 틈에서 새어 나오는 물구멍을 통해 나온 물이 강으로 합류합니다. 지구촌 어디에서도 보기 힘든 특이한 지질성 때문에 동식물 종류도 다양하다고 합니다. 트레일 초입부터 깊은 계곡의 강물을 따라 4㎞ 위에 있는 오더빌 캐년과 월 스트리트를 지나 3㎞

정도 더 올라가니, 넓은 하천이 나옵니다. 이곳이 바로 '신의 도시'라는 곳입니다.

계곡과 계곡이 서로 닿을 듯한 트레일, 물살을 치고 오르니 지그재그 계곡 모퉁이를 돌 때마다 새로운 풍경이 펼쳐집니다. 하늘 높이 솟은 절벽은 120~140m로 그 웅장함에 놀랍니다. 강변의 계곡 폭이 좁은 곳은 6m 정도로 좁고 음침합니다. 맨발로 걷는 사람, 스틱에 의지해 걷는 사람, 백팩을 둘러메고 걷는 사람 등 각기 다른 사람들과 계곡을 함께 걸었습니다.

계곡의 풍경은 감미롭고, 절벽 바위틈에서 새어 나오는 물소리는 향기롭습니다. 계곡에 내리는 봄비는 천사의 눈물처럼 내 마음속까지 스며들어 가슴을 적셨습니다. 하늘의 천사가 내려온다는 내로우를 걸으면서 마주하는 비는 감미로웠고 향기가 진하게 배어 있었습니다.

브라이스 캐년 국립공원
─ 유타주

수만 개의 돌기둥과 독특한 지층으로 구성되어 있는 국립공원으로, 미국 서부의 3대 캐년 중 섬세하고 아름답기는 으뜸입니다. 가늘고 긴 특이한 후두는 색다른 풍경입니다. 후두란 바위기둥을 의미하며, 오랜 세월 눈과 비가 석회암을 깎아먹은 것입니다. 후두들이 몰려 있는 나바호 트레일 지형은 빨간 색깔의 독특한 지형을 형성하고 있습니다. 후두는 흙과 바위의 중간 정도의 강도를 지녔습니다. 후두 높이는 빌딩의 25~30층에 이릅니다.

브라이스 캐년에서 대표적인 트레일은 피커부, 퀸스 나바호 룹, 림 트레일이며, 대표적인 전망대는 페어리랜드, 썬 라이즈, 썬쎗 포인트, 브라이스 포인트로 높은 곳에서 볼 수 있습니다.

퀸스 가든 – 나바호 룹 트레일 6.7km, 3시간

브라이스, 루비인 캠프장 텐트 속에도 자연의 숨소리가 들렸습니다. 사슴이 울부짖는 소리, 꺅–꺅 우는 오리소리, 텐트를 스치고 지나가는 동물 소리, 텐트 지붕을 두드리는 봄비마저 신경을 건드렸습니다. 고요한 시간에 들리는 소리는 훨씬 더 자극적입니다.

아침 햇살을 머금은 캐년의 풍광은 너무나도 감동적입니다. 강렬한 빛을 받은 첨탑들이 오묘한 색으로 불타는 듯합니다. 참으로 아름답고 장엄한 풍경에 한동안 입을 다물지 못하였습니다. 선라이즈 전망대에서 시작되는 8자형 트레일은 8자의 꼭지점에서 시계반대 방향으로 시작해서 돌아오는 트레일입니다.

써니 사이드 전망대에서 출발해 후두를 바라보며 내려가 터널을 지나 오른쪽으로 걸으면 여왕의 정원 퀸스가든에 도착합니다. 나무가 우거진 계곡 숲을 돌고 돌아도 보이는 것은 아름다운 후두 풍경뿐입니다.

퀸스 빅토리아 트레일 도중 토굴을 목격하였는데, 이 토굴의 역사가 흥미롭습니다. 1901년 시카코의 갱 당원 중 은행강도, 열차털이로 악명 높은 '부치 캐시더'란 사람의 이야기입니다. 그는 브라이스 지역 출신이라 익숙한 이곳 토굴에 숨어 살았다고 합니다. 마을 사람들은 갑부들의 돈만 훔친 그를 존경하였고, 갱 당원들에게는 이곳이 그들의 천국이었다고 합니다.

2015년 5월 2일 오후 2시 반, 브라이스 캐년 롯지에 들렀습니다. 많은 관광객들이 풀문 트래킹 로터리신청 티켓을 기다리고 있었습니다. 6살 이하의 어린이와 휠체어를 이용하는 노약자는 밤길 안전을 위해 제외합니다. 그리고 안전한 트래킹화 검사에 통과한 사람만이 티켓을 받을 수 있습니다.

총 100여 명이 로터리 티켓을 받고 추첨에 들어갔습니다. 25명을 뽑는데 100여 명이 왔으니, 4:1의 경쟁률입니다. 그런데 5명 정도만 추첨을 하고 마감하였습니다. 추첨 방식이 좀 특이합니다. 식구 10명 중 1명이 당선되면 10명 전원이 당선되는 시스템입니다. 그러니 몇 번 추첨만 하면 끝나 버립니다.

풀문 트레일에서는 손전등과 헤드램프를 사용할 수 없으며 따뜻한 옷과 물을 지참해야 한다고 합니다. 일몰시간 20분 전, 오후 8시, 공원 레인저를 따라 야간 트래킹에 나섰습니다. 주변에는 오래전 동굴 속에서 살았다는 인디언들의 흔적도 볼 수 있습니다.

브라이스 계곡은 달빛에 녹아 있었습니다. 선라이즈 트레일 입구를 출발하여 퀸스가든 트레일을 둘러보는 보름날 밤의 트래킹은 낭만적입니다. 교교한 달빛을 담은 후두들이 특이한 감흥을 담아내어 외계인의 세상을 여행하는 듯합니다. 아메리칸 인디언들의 서글픈 역사가 보름 달빛 아래 녹아 흐르는 것만 같습니다.

바위굴을 지나 퀸스 가든에 이르렀을 때는 문득 스티븐슨의 보물섬 이야기가 생각났습니다. 내가 마치 마법과 전설의 그 보물섬 단원이 된 것만 같았습니다. 모험, 음모, 배신, 수수께끼 같은 보물섬 만화를 상상하며 또 다른 세상 속을 걸었습니다.

별빛과 달빛에 의존하여 1시간 30분 동안 브라이스 계곡을 걸었습니다. 밝은 달빛이 캐년을 밝혀 파란빛이 계곡을 아름답게 비추었습니다. 산란한 빛들이 아름다운 색을 만들어 계곡과 후드에 묘한 분위기를 연출하였습니다. 만일 내가 사진작가라면 최고의 작품을 만들 것 같습니다.

퀸스 트레일 정상에 올라 계곡을 돌아보았습니다. 달빛에 녹은 계곡 풍경이 마치 못 잊을 사람을 두고 떠나는 심정과도 같습니다. 브라이스에 3번을 와서 또 다른 감흥을 받았습니다.

피카부 루프 트레일 6.8km, 3시간

브라이스 포인트에서 바라본 브라이스 계곡 전경은 그랜드 캐년의 축소판입니다. 수만 개의 붉은 돌기둥 바위가 공원 전체를 감싸고 있습니다. 브라이스 포인트에서 시작하는 피카부 루프 트레일을 걸으면서 자연의 아름다움을 눈에 담고 사진기에 담고 마음에 담았습니다.

이 길은 20여 년 전과 변함이 없는데, 나는 어느덧 장년이 되었습니다. 계곡의 후드는 멀리서 보나 가까이서 보나 신비롭기만 합니다. 해가 저물면서 천태만상의 붉은 색상이 계곡을 더욱 아름답게 물들였습니다. 세상의 모든 황금 덩어리가 이 계곡에 박힌 것 같습니다. 자연이 만들어 낸 최고의 예술작품, 감동이 없는 사람이라도 이 천혜의 풍경을 보면 감동의 싹이 움틀 것 같습니다.

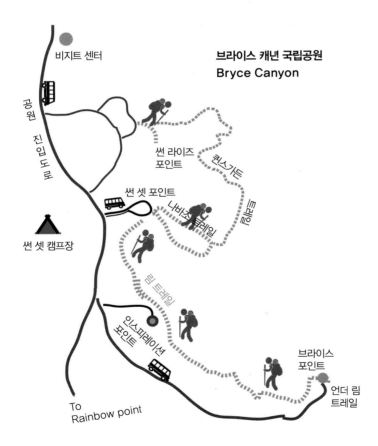

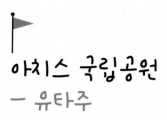

아치스 국립공원
— 유타주

아치스 국립공원과 캐년랜드 국립공원은 191번 도로를 끼고 맞은편에 있습니다. 캐년랜드는 콜로라도 강과 그린강이 합류하여 수많은 계곡과 메사아치가 유명하고 아치스는 다양하고 천연적인 사암바위 아치만 자그만치 2,000여 개가 넘는 곳입니다. 아치스에서 가장 인기 있는 트레일은 울프 랜치에서 출발하는 델리케이트와 데빌가든 트레일입니다.

데빌가든 캠프장

산악마을 모압에 들어서니, 산악자전거 팀이 일렬로 지나갑니다. 인구 오천여 명의 조그마한 마을이지만, 매년 100만 관광객과 10만 명의 산악자전거인들이 찾는 곳입니다.

"하이킹은 혼자 하지 말고, 모자를 쓰고 소매가 달린 셔스나 긴 바지를 입으세요. 충분한 물을 준비하고 만약의 사고에 대비해 호각을 지참하세요."

하이킹은 아침저녁으로 하고 한낮 더위를 피하라는 권고문이 공원 안내소에 적혀 있습니다.

공원입구를 지나 가파른 절벽 오르막을 십여 분 달리자, 엄청난 크기의 암벽이 시선을 압도합니다. 촛대 같은 돌기둥 위에 절묘하게 균형을 잡고 있는 바위 앞에 멈추어 섰습니다. 곧 굴러떨어질 것 같으나 균형을 제대로 잡고 있습니다. 북쪽 공원 포장도로가 끝나는 지점에 위치한 데빌가든 캠프그라운드에 여정을 풀었습니다. 공원 출입구에서 29km 지점입니다. 캠프장은 3월 말에서 10월 말까지 오픈합니다. 전망도 좋으며 데빌가든 트래킹 출발점으로 편리한 곳입니다.

저녁 식사 후 커피잔을 기울이며 불타는 석양의 밤하늘을 바라보니, 이곳이 꿈속의 별천지 같다는 느낌이 들었습니다. 해가 저물며 만드는 자연의 빛은 주변의 붉은 바위 풍경을 더욱 찬란하게 만듭니다. 아치스 석양의 감흥은 마음에 울림을 줍니다.

델리키트 트레일 5km, 3시간

올프랜치 주차장에서 시작되는 트레일은 경사진 바윗길을 2시간 정도 걷습니다. 붉은 바위 절벽을 깎아 만든 트레일을 돌고 돌아 올라가면 전망대가 나옵니다. 거대한 붉은 암석으로 둘러싸인 언덕 끝부분에 델리키트 아치가 한눈에 들어왔습니다. 붉은 암석 비탈면 끝에 20m 높이로 우뚝 솟은 아치에 가까이 가 보니, 왼쪽 부분이 곧 무너질 것 같아 불안하였습니다. 위태롭게 버티고 있는 아치가 유타주의 자동차 번호판 그림입니다.

델리케이트 아치에서 비탈진 내리막 암벽을 타고 100m 암벽 아래로 내려가 보았습니다. 밑에서 위를 보니 위에서 보았던 풍경과는 아주 판이합니다. 원형 계곡에는 하얀 선인장 꽃이 수줍게 피었습니다. 밀크 색 꽃향기가 어떤지 꽃잎 가까이 코를 대 보았더니 향기가 없습니다. 거친 암벽에 살다 보니 고달픔이 눈물이 되어 진이 다 빠졌나 봅니다. 델리키트 아치를 바라보면 볼수록 자연의 능력에 감탄할 뿐입니다. 비와 바람의 작은 변화가 거대한 지형의 전시장을 만들었습니다.

이곳은 사진작가들이 석양의 아름다운 풍경을 담기 위해 오후 7시경 많이 찾는 곳입니다. 지난 4년간 2명의 사진작가가 석양을 사진에 담다가 미끄러져 사망했다고 합니다. 아치스는 해가 지면 기후가 급격히 변해 갑자기 비도 내린다고 합니다.

데빌가든 트레일 8km, 4시간

텐트 속은 아침부터 뜨거운 햇살이 파고들어 늦잠도 잘 수 없습니다. 여름 기후가 섭씨 35도를 넘나들어 불같이 따갑습니다. 데빌가든 주차장에서 시작하는 데빌가든 트레일로 들어갑니다. 매번 올 때마다 느낌이 다른 트레일 주변에는 휘귀한 돌기둥과 아치들이 파노라마처럼 펼쳐져 있습니다.

랜드스케이프 아치는 길이 88m, 높이 32m로, 세계에서 가장 긴 천연 아치입니다. 아치스에서 3번째로 크다는 더블 오 아치 트레일로 향하다가 바위 밑에서 아주 작은 적갈색 산토끼를 보았습니다. 적의 눈에 띄지 않으려 함인지, 털빛이 주변의 붉은 돌 색과 비슷합니다. 일행이 산토끼 노래를 불러 주었더니 한 발 뛰고 돌아보고 두 발 뛰고 돌아보는 그 모습이 귀엽습니다.

하루종일 수없이 많은 아치를 둘러보았습니다. 그중에서도 랜드 스케이프, 스카이라인, 더블오, 그리고 윈도우 섹슨에 있는 더블 아치와 사우스 윈도우 아치가 인상적이었으며 주변의 붉은 바위산의 풍경도 이채로웠습니다.

매일 몸은 힘들지만 캠프장에서 만나는 트레커들의 얼굴에는 화색이 넘쳤습니다. LA와 시애틀에 거주하는 한국인 캠퍼를 만났는데, 알고보니 대학 동문입니다. 이런 인연이 있을까요? 예약도 쉽지 않은 데빌가든 캠프장에서 말입니다. 저녁 초대를 받아, 한국의 정도 듬뿍 받았습니다. 같은 추억을 쌓았던 동지들! 같은 하늘 아래서 다시 만날 수 있기를 바랍니다.

저녁 식사 후 커피잔을 기울이며 캠프장에서 3분 거리인 스카이라인 아치로 산책을 나갔습니다. 달님까지 마중 나온 밤, 자연의 신비함에 감동하며 고(故) 윤극영 시인의 "푸른 하늘 은하수" 동화를 속삭여 봅니다. 달이 차면 기울듯 우리의 마음에 근심 걱정도 차면 인생도 기웁니다. 자연 속에 젊음이 있다는 말이 있습니다. 인생이 빨리 기울지 않도록 여행을 다니면서 근심 걱정을 내려놓고 달콤한 추억 속으로 달리렵니다.

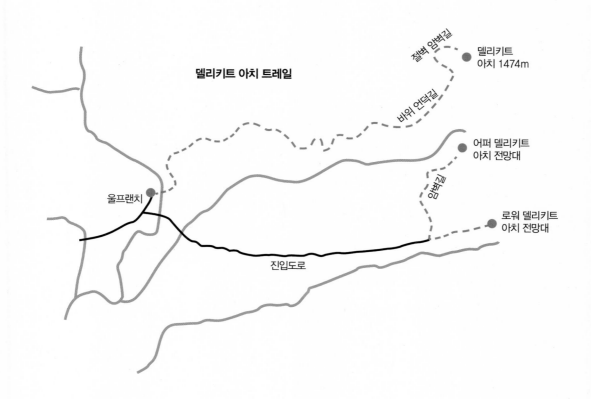

델리키트 아치 트레일

절벽 암벽길

델리키트
아치 1474m

바위 언덕길

어퍼 델리키트
아치 전망대

울프랜치

음북계곡

로워 델리키트
아치 전망대

진입도로

레이니어 국립공원
— 워싱턴주

레이니어 국립공원은 워싱턴주의 자동차 번호판 배경으로 사용될 만큼 워싱턴주를 나타내는 상징입니다. 미국 국립공원 중 5번째로 지정되었으며 야생동물 보호구역입니다. 대표적인 트래킹 코스로는 북쪽의 파라다이스 전망대에서 시작되는 스카이라인 트레일과 남쪽 선라이즈 전망대에서 출발하는 선라이즈 림 트레일입니다. 그리고 레이니어산을 순환하는 원더랜드 150㎞ 트레일도 유명합니다. 그 외에도 30여 개의 짧고 긴 트레일이 있습니다.

레이니어 산은 특히 야생화가 아름답습니다. 무지개빛으로 뽐내는 야생화, 만지면 터질 것만 같은 노란색 야생화, 바람개비처럼 한쪽으로 치우친 쑥색 야생화, 물레바퀴 형태의 분홍색 야생화, 잎은 네모지고 연한 갈색의 가지를 가진 야생화, 꽃끝이 뾰족하고 톱니같은 줄기

를 가진 하얀 야생화, 꽃잎은 5장인데 꽃잎이 구부러져 수줍어 하는 야
생화…….

빙하가 녹아 수정같이 파란 보석 같은 엉덩이들, 자연의 아름다움을
흠뻑 느낄 수 있는 곳입니다. 숲 속의 조용한 캠프장은 간지럽게 들려
오는 물소리, 향긋한 흙냄새, 축축한 안개, 그리고 강렬한 햇살로 인
해 마음도 치유가 되는 곳입니다.

선라이즈 전망대

선라이즈 전망대는 해발 1,950m로 자동차로 오를 수 있습니다. 8㎞
정도의 트레일에 3~4시간이 걸리지만, 샛길 트레일이 연결되어 취향
과 체력에 맞추어 트래킹을 즐길 수 있습니다. 선라이즈 전망대는 높
은 산의 능선에 위치하여 기후 관계로 7월에서 9월 말까지 오픈합니다.
선라이즈 림 트레일과 연결되는 버로우 마운틴 11㎞ 트레일과 샛길로
연결되는 프리몬트 룩아웃 2㎞ 트레일은 레이니어 북면과 주변의 전망
을 한눈에 볼 수 있는 트레일입니다.

선라이즈 트래킹 출발점인 공원 안내소 주차장에서 완만한 오르막
산등성이를 2㎞ 걸으면, 아담한 프로즌 호수를 만납니다. 말이 호수
지, 큰 저수지 정도지만 썬라이즈 호텔과 공원관리 건물의 급수로 사
용됩니다. 프로즌 호수를 기점으로 두 갈래 트레일이 나옵니다. 오른
쪽 트레일은 프리몬트 트레일, 좌편은 버로우 트레일입니다. 프리몬트

룩아웃 트레일로 들어선 후, 왕복 4㎞ 급경사의 트레일에서 레이니어를 바라보면 빙하와 설봉이 높이 쌓여 있습니다. 레이니어 정상은 사방 700~800미터, 축구장 2개 정도로 멀리서 보아도 넓게 보입니다.

제2 버로우 트레일 전망대에 오르면 4,400m 레이니어 정상의 북면 전경이 가까이에서 웅장하게 보입니다. 레이니어 산에는 26개의 빙하가 있습니다. 그중에서도 가장 큰 에먼스 빙하가 손에 닿을 듯 가깝게 보이는 전망대입니다. 주변 바위틈에 기거하는 다람쥐들이 트레커들과 친숙해져 가까이 다가가도 길만 비켜 주고는 곧 뒤따라옵니다. 그러나 귀엽다고 해서 먹이를 줘서는 안됩니다. 야생동물에 먹이를 주다 레인저에 발각되면 연방법에 따라 1,000달러의 벌금이 부과되기 때문입니다. 야생동물을 자연 그대로 보호하기 위한 법입니다.

새도우 호수 방면 트레일의 나무 한 그루 없는 돌사막길을 꿀 먹은 벙어리처럼 말없이 걸었습니다. 말을 하면 입안이 마르고 목이 더 건조해지기 때문입니다. 새도우 호수로 내려가기 전, 그레이셔 오버룩에 많은 사람들이 모여 있습니다. 가까이 가 보니 새들이 온갖 교태를 부리며 트레커들로부터 먹이를 구걸하고 있습니다. 천국의 새는 붙잡지 않는 손 위에만 내려앉는다는 목사님의 설교를 들은 적이 있습니다. 그레이셔 오버룩 전망대에는 천국의 새들이 트레커들의 손에 내려앉아 평화롭게 노래합니다. 레인저에게 새 이름을 물었더니, 호두까기 새라고 합니다.

새도우 호수는 100평 정도의 우물인데, 캠핑을 할 수 있는 곳입니다. 이곳에서 선라이즈 공원 주차장까지는 30여 분이 걸립니다. 선라이즈에서의 6시간 트래킹은 우리의 행복한 기억창고에 오래오래 남겨 두렵니다.

파라다이스 전망대

'파라다이스'라는 이름은 눈부신 설야의 산, 초원에 핀 아름다운 야생화가 천국 같다는 느낌을 주기 때문에 붙여졌다고 합니다. 파라다이스 전망대는 레이니어 국립공원 남쪽에 위치해 있습니다. 북쪽의 선라이즈 트레일이 남성적이라면, 파라다이스 트레일은 여성적입니다. 호수, 야생화, 거대한 솔송나무, 미송나무, 적삼나무 숲과 그리고 초원으로 경관이 아름답습니다.

파라다이스의 대표적인 트레일에는 스카이라인 10㎞ 트레일, 파라다이즈 글레이셔 10㎞, 하이레이크 트레일 4㎞, 캠프뮤어 7㎞ 트레일이 있습니다. 사진작가들이 즐겨 찾는 파라다이스의 하이레이크 트레일은 4.3㎞ 룹으로, 2시간 정도의 트래킹 코스입니다. 호수에 반사되는 레이니어 산을 볼 수 있는 리플렉션 호수는 가장 많은 사진작가를 볼 수 있는 곳입니다.

스카이라인 트레일

스카이라인 트레일은 관광철인 여름에 많은 사람을 만날 수 있는 곳입니다. 트레일 도중에서 만나는 사람들은 대체로 가족 단위와 젊은 연인들, 정상에 도전하는 전문 등반가나 극기훈련에 동참한 사람들로, 모두가 각기 다른 목적을 가지고 오릅니다. 스카이라인 트레일은 파라다이스 주변의 많은 트레일과 엇갈리며 만납니다. 레이니어 설산 정상을 바라보며 스카이라인 트레일과 병행하는 데드호스크릭 트레일의 가파른 언덕길을 30여 분 올라 그레이셔 비스타 1,900m 전망대에 올랐습니다.

그곳에서 20여 분 가파른 산길을 오르면 파노라마 포인트에 도착합니다. 이곳에서 남쪽 캐스케이드 산맥을 둘러보면 멀리 마운트 아담, 세인트 헬렌산이 보입니다. 첩첩이 싸인 준봉들은 아름다운 캐스케이드 산맥의 운취를 감추고 있습니다.

스카이라인 트레일의 북쪽 끝 3.2㎞ 지점에 갈림길이 있습니다. 좌측은 페블크릭 트레일, 우측은 스카이라인 트레일입니다. 그곳에서 3.2㎞ 눈산을 오르면 레이니어 베이스 캠프가 있습니다. 등산 허가도 받지 않고 레이니어 베이스 캠프까지 트래킹과 클라이밍을 겸할 수 있습니다.

캠프 뮤어 트레일

캠프장의 밤하늘은 별들이 머리 위로 쏟아질 것 같습니다. 새벽 5시에 기상하여 페블크릭을 건너 캠프뮤어 3,056m 트레일에 도전하였습니다. 캠프뮤어는 레이니어 산을 등정하는 베이스 캠프가 있는 곳으로, 전문등반 장비 없이 오를 수 있는 가장 높은 트레일입니다. 겨울철에는 눈이 많아 전문 장비가 필요하지만, 여름에는 스틱과 아이젠 정도로 오를 수 있는 곳입니다. 트레일은 바위와 얼음길이라 딛는 돌이 아래로 구르기 때문에 조심해서 올라야 합니다. 페블개울을 건너 바위산 트레일을 10여 분 오르면 뮤어설원 트레일이 시작됩니다.

하늘을 쳐다보고 오르는 트레일이 하늘높이 뻗어 있습니다. 한여름 강한 햇볕이 설원에 반사되어 선그라스는 필수입니다. 뮤어캠프 정상까지는 설원 트레일이지만 온난화 기후로 눈이 녹아 설빙에 크레파스까지 형성되어 위험합니다. 트레일 출발점에서 4시간이 넘었습니다. 수없이 미끄러지고 주저앉기를 반복하며, 코앞에 캠프 뮤어가 보이지만 발은 천근만근 크레파스로 인하여 더 이상 오를 길이 없습니다. 일행 중 일부는 크레파스를 우회전하여 동쪽 바위산 능선이나 좌회전을 하여 오릅니다.

뒤따르던 전문 산악인이 얼음 사이로 흐르는 물을 동반한 크레파스는 더 위험하다며 우회전을 합니다. 9월 중순 서북미는 35도를 넘도는데, 이곳은 손이 시리다 못해 얼어붙을 지경입니다. 가파른 빙원을 내려오는 트레일은 무척이나 미끄럽습니다. 손과 발이 시리고 힘들었지만, 수없이 쉬면서 올랐습니다. 뮤어캠프는 전문 등반 가이드의 쉘터로, 선착순으로 사용할 수 있습니다.

드날리 국립공원
— 알래스카주

    드날리 국립공원은 알래스카주의 앵커러지와 페어뱅스의 중간 지점
에 위치합니다. 동서로 뻗은 650㎞의 알래스카 산맥 계곡에 덮인 빙하
에는 희귀한 생명체들이 독특한 방식으로 살아가고 있습니다. 지구상
에서 상태적 보존가치가 높은 지역으로, 공원에서는 굳이 야생동물을
찾지 않아도 쉽게 볼 수 있습니다. 엘로스톤이 동물의 천국이라면, 디
날리는 원시상태의 동물 천국입니다.

    공원이 넓어 셔틀버스로 돌아봅니다. 디날리를 두번이나 갔지만, 하
얀 장막 뒤에 숨은 신비한 풍경을 보지 못하였습니다. 2015년 여름휴
가는 하얀 장막에 숨은 풍경을 보기 위해 라일리 캠프장에 베이스 캠프
를 쳤습니다. 그리고 다양한 야생동물과 함께 알래스카 툰드라 풍경을
담았습니다.

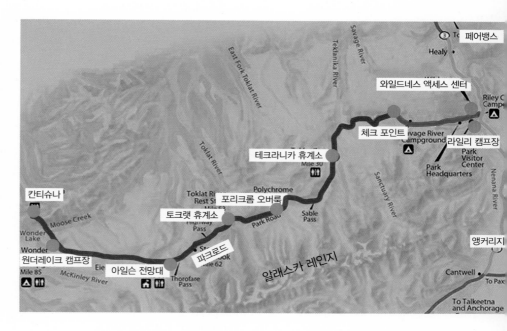

　　드날리에는 북미에서 가장 높은 산인 해발 6,194m의 맥킨리가 있지만, 변화무쌍한 기후로 인해 여름3개월 중 맥킨리 연봉을 볼 수 있는 확률은 13% 정도입니다. 드날리는 자연환경과 야생동물 보호 차원에서 일반 자동차 출입을 엄격하게 통제합니다. 공원 입구에서 포장도로 23㎞, 새비지 검문소까지는 일반 자동차도 진입할 수 있습니다. 검문소 이후 비포장도로는 공원 허가를 받은 차량만이 진입할 수 있습니다.

　　드날리 공원에는 포유류 40종류와 조류 13종류가 서식합니다. 포유류 중 가장 인기 있는 동물은 곰, 무스, 캐리부, 늑대, 돌쇱이며, 조류 중 인기 있는 동물은 '알래스카주의 새'로 불리는 타미간입니다. 타미간은 작은 암탉 같지만, 겨울에는 깃털이 하얗게 변하는 새입니다. 디날리 공원에는 300여 마리의 곰이 서식하며, 알래스카 전체에는 800여 마리가 서식합니다.

원더 레이크 투어 136km, 왕복 10시간

버스로 5시간 거리에 위치한 원더 레이크는 공원 내 도로를 만들면서 우연히 발견되어 '원더 레이크'란 이름이 붙여졌다고 합니다. 호수 바닥 진흙에는 무기물이 많아 캘리부가 좋아합니다. 알래스카에는 약 75만 캘리부가 살고 있다고 하는데, 캘리부가 알래스카 인구보다 많은 것입니다. 이곳은 툰드라 지역이라 한여름에는 곤충이 자라기에 좋은 환경이라 모기 천국입니다. 그래서 현지인들은 모기를 일컬어 '알라스카 새'라고 합니다. 이곳은 여름엔 섭씨 34도까지 올라가고, 겨울에는 영하 30도까지 내려간다고 합니다.

원더 레이크 투어는 북극권 생태계와 야생동물 그리고 알래스카 산맥을 둘러보는 10시간 투어입니다. 버스 기사가 동물을 보면 알려 달라며, 동물에 방해가 되지 않게 조용히 해 줄 것을 당부하였습니다. 버스가 출발한 지 10여 분이 지나자, 승객들이 일제히 "9시 방향!"이라고 소리쳤습니다. 냇가에서 어정거리고 있는 무스입니다. 길쭉한 무 같은 머리 생김새에, 고개를 돌리지 않고도 사방을 자유롭게 보는 놈입니다. 숫놈 무스는 2m의 커다란 뿔이 매일 2㎝씩 자란다고 합니다.

셔틀버스는 1시간을 달려 테크라니카 휴게소에서 15분 정차하였습니다. 야생동물 침입을 막기 위해 화장실 잠금장치가 특별합니다. 휴게소 주변은 강과 숲이 우거진 아늑한 벌판입니다. 테크라니카 휴게소를 떠난 버스는 맥킨리를 한눈에 볼 수 있는 폴리크롬 오버룩 포인트를 지나 내리막길을 달립니다. 오버룩 포인트는 맥킨리 산을 조망할 수 있는 왕복 4시간 투어 전망대입니다.

테크라니카 휴게소에서 토크랫 리버 휴게소까지는 1시간 거리입니다. 휴게소의 기념품점에는 동물의 모피와 공원 역사에 관한 서적이 많습니다. 기념품점 입구에 카리부 뿔을 전시해 두었는데, 뿔 하나의 무게가 10㎏이나 된다고 합니다.

공원 입구에서 105㎞ 거리에 있는 아일슨 전망대는 맥킨리 산을 가깝게 볼 수 있는 휴게소입니다. 봄과 여름의 맥킨리 정상은 섭씨 영하 40도 정도며 시속 130㎞의 강풍으로 등반이 어려운 산입니다. 2015년 맥킨리 국립공원은 100주년을 맞이하는 2016년을 위해 도로 확장공사로 분주하였습니다. 맥킨리 산은 100주년을 기점으로 인디언이 불렀던 '드날리 산'으로 개명됩니다.

아일슨 전망대를 떠난 버스는 완만한 도로를 1시간 정도 달려 원더레이크 입구에 정차하였습니다.

칸티슈나 익스프레스 투어 147km, 왕복 13시간
드날리 공원의 도로 끝지점에 있는 채광지구와 공원 역사를 살펴보

는 투어를 했습니다. 1896년 금광 채굴자 윌리암 디키가 칸티슈나 근처에서 사금을 발견한 뒤 1905년부터 1978년까지 금을 채굴하였던 개척자들의 삶을 추적해 보는 관광입니다.

이른 아침 도로변에는 비그 파이브(곰·무스·카리부·늑대·산양) 야생동물을 담는 사진작가들이 많이 보입니다. 어제 지나갔던 코스로 5시간을 달려 원더 레이크 언덕에서 우측길로 접어들어 원더레이크 레인저 스테이션에 정차하였습니다.

레인저는 이곳이 100년 전이나 지금이나 별반 달라진 것이 없다고 합니다. 이런 환경을 후대에 물려주는 것이 그의 소망이라고 합니다. 칸티슈나 광산에서 평생을 보낸 개척자 패니 퀴리와 조 퀴리의 이야기를 들었습니다. 그들은 금을 채취하는 과정보다 페어뱅스로 운반하는 과정이 더 어려웠다고 합니다. 칸티슈나 마을에는 노스페이스 롯지, 캠프 드날리, 로드 하우스, 경비행장이 있습니다. 1905년~1978년 당시의 채금 금액을 2001년 기준으로 환산하면 약 4,600만 달러 정도라고 합니다.

원더 레이크 캠프장

공원에서 운영하는 전용캠퍼 버스를 이용하여 원더 레이크로 이동합니다. 3일용 식품과 캠핑에 필요한 도구를 챙기니 백팩이 30kg입니다. 그늘 한 점 없는 툰드라 습지, 맥킨리가 코앞에 보이는 곳에 우리는 텐트를 쳤습니다. 길 위에서 아름다운 청춘을 보내는 사람들의 캠프장입니다. 편한 분위기, 서로가 서로를 배려하는 행동, 주름살 없는 해맑은 웃음, 친절한 대화까지, 캠프장의 분위기는 마치 고향 사람들을 만난 것처럼 정답습니다.

매일 흐리고 비만 내립니다. 밤이나 낮이나 빗소리에 파묻혔습니다. 눈을 감으니 빗소리가 더욱 크게 들립니다. 툰드라의 풀냄새, 달콤한 공기, 그리고 밤의 정적이 싫지 않습니다. 그러더니 어느새 적막을 적시며 감겨드는 바람소리, 빗소리, 텐트 지붕을 때렸던 포악한 빗소리도 멈췄습니다. 밤에는 눈보다 귀가 더 밝아지나 봅니다.

오늘은 무슨 모습을 볼 수 있을까! 텐트 문을 열고 밖을 내다보니 하얀 눈이 내렸습니다. 8월의 원더 레이크, 하얀 눈이 우리를 찾아 주었습니다. 뽀얗게 덮인 눈 위를 걸으니 뽀드득 뽀드득, 생명체 소리가 들립니다. 아무도 밟지 않은 눈 위를 걸으며, 우리는 행복한 감탄사를 내려놓았습니다.

크레이더 레이크 국립공원
ㅡ 오리건주

크레이더 레이크는 세계에서 6번째로 깊은 호수이자, 북미 대륙에서 제일 깊은 호수입니다. 그리고 세계에서 가장 깨끗한 호수이며, 오리건주의 유일한 국립공원입니다. 백두산 천지보다 531m 높고 2.5배나 큰 호수입니다.

호수는 은하수같은 보석이 듬북 채워져 있습니다. 안개가 걷히면서 그 사이로 햇살이 들어와 미세하게 반짝이는 짙은 하늘색 호수물은 보기만 해도 신비롭습니다. 아름답게 반짝이는 크레이더 호숫물 풍경 하나 만으로 내가 살고있는 오리건주를 사랑하게 합니다.

호수 깊이 592m, 둘레 10㎞, 너비 8㎞입니다. 호수 동서쪽에는 작은 섬이 있는데, 화산 폭발에 의해 형성된 최초의 분화구 속에서 2차적인 용암 분출로 생겨난 것입니다. 동쪽의 팬텀 쉽은 수면에서 48m 높이로 튀어나온 신기한 봉우리입니다. 그리고 서쪽에는 229m 높이의 위저드 섬이 있습니다.

호수 주위를 일주하는 10km 림 드라이브는 수많은 기암절벽과 신기한 풍경을 볼 수 있는 코스로, 2시간 정도가 소요됩니다. 특히 공원 남쪽 입구에서 가까운 림빌리지 비지터센터 옆에 있는 전망대는 호수의 전경을 내려다볼 수 있는데, 올 때마다 그 감동이 다릅니다. 워치맨 전망대에 올라서면 북쪽으로 호수 둘레에 높이 솟은 힐먼 봉우리 2445m를 볼 수 있고, 멀리로는 거칠게 굳어 버린 용암들이 형성된 절벽이 보입니다. 스틸 인포센터 동쪽의 캐슬 크레스트 하이킹 코스에서 보는 풍경은 그지없이 아름답습니다.

크레이더 레리크는 급경사로 둘러싸여 호수로 내려갈 수 없습니다. 림 드라이브 북쪽에 페리 선착장으로 내려가는 1.8km 크리트우드 코브 트레일이 있습니다. 경사도 11%의 비포장 도로를 30여 분 내려가 12인승 페리 투어를 하였습니다. 페리는 배터리로 움직이는 무공해 기관입니다. 거울처럼 잔잔한 호수서쪽 위자드 섬과 동쪽의 워치맨 섬을 둘러보는 2시간 소요의 일반 투어 코스를 선택하였습니다. 호수에서 림 드라이브로 올라오는 트레일은 킥백을 하며 1시간이 걸립니다.

림드라이브의 동쪽에는 공원에서 제일 높은 마운트 스캇 2,679m 전망대가 있어, 올라가 볼 수 있습니다. 4km 거리에 있는 스캇 정상에 오르면 호수 전체의 아름다운 풍경을 한눈에 볼 수 있으며 와이드 렌즈가 아니라도 호수 전체를 담을 수 있습니다.

림드라이브 서쪽에 위치한 워치맨 피크 트레일로 이동합니다. 호수의 서쪽 끝지점 높은 곳에 위치한 전망대입니다. 0.8마일의 경사진 트레일을 40분 정도 걷습니다. 사진 한 장에 호수 전체를 담을 수 없을 만큼 호수가 너무 넓습니다. 세상에서 가장 아름다운 호수는 아닐지라도 세상에서 가장 깨끗한 호수임에는 확실합니다.

공원 남쪽 입구에 위치한 마자마 캠프장은 항상 만원입니다. 대부분의 국립공원 캠프장은 선착순인 데 비해 이곳은 예약이 필수입니다. 200여 개의 캠프장이 항상 만원이라는 것은 그만큼 인기가 있다는 증거입니다.

비교	해발 높이	너비	깊이	둘레	수심
크레이더	2,721m	10km	592m	30km	234m
백두산 천지	2,190m	3.6km	384m	14.4km	213m

　산을 넘고 호수를 건너 야영을 하였던 곳은 몇 군데나 될까? 낡은 일기장을 들추어 보았더니, 행복했던 캠프장은 200여 곳이나 되었다. 히말라야, 안데스, 로키, 알프스, 그리고 미국에 숨겨진 비경 속으로 떠났던 그 순간들이 내 인생 최고의 시간이었다. 여행에 투자한 시간, 여행을 하며 행복했던 시간, 여행을 하며 보석 같은 추억을 만들었던 시간들이 내 인생에서 가장 값지다는 사실을 새삼 느낀다.

　야영장에서 맞이하는 역동적인 일출은 새로운 희망을 심어 주었다. 찬란한 일몰의 여운은 자연을 느끼고 배우게 해 주었다. 로키의 반딧불은 꼬마전구처럼 빛났고, 히말라야 밤하늘의 별은 유난히도 반짝였다. 파타고니아의 광대한 빙하는 수정같이 빛났고, 알프스의 푸른 초원은 천상의 세계 같았다. 북극의 설경은 하얀 파우더 같았고, 밤하늘의 오로라는 무지개 불길 같았다. 자연의 오묘함에 감탄할 따름이었다.

나에게 여행은 다른 세상을 보게 해 주었고 삶에 큰 감동을 주었다. 여행은 항상 젊음의 향수를 불러일으키게 해 주었고 나의 삶에 활력을 불어넣어 주었다. 한마디로 '뜨거운 인생'을 살게 해 주었다. 세상의 좋은 것에 쉽게 흔들리고 겉모습에 매혹당했던 미숙한 감정들도 걸으면서 무너져 버렸다.

디지털 카메라가 없었던 시절, 지구촌 고산 트래킹을 다녔던 곳이 있다. 그러나 출판에 필요한 사진이 부족하여 다시 둘러보았다. 사진 여행을 하며 날씨가 흐린 날은 사진도 흐리고 기분마저 흐렸다. 때로는 공기가 맑고 시야가 멀리 보이는 겨울철을 택해 사진 여행을 했지만, 여행에서 느꼈던 느낌을 고스란히 전할 만한 사진이 많지 않아 아쉽다. 특히나 알래스카를 수없이 다녔지만, 독특한 해양성 기후로 인하여 내가 찍고 싶은 하얀 장막 속에 숨 쉬는 장면을 포착하기란 어려웠다.

배낭여행을 통해 얻은 소중한 교훈이 하나 있다. 나도 할 수 있다는 자신감, 용기, 의지다. 의지의 힘은 본인의 마음에서 솟아 나오기 때문에 돈으로도 살 수 없는 소중한 교훈이다. 작은 불씨가 많은 나무를 태우듯이 의지의 힘은 어려움을 태워준다. 여행에서 얻은 지식은 사람을 더욱 젊게 만들고 마음속 깊은 곳에 반딧불을 밝혀 주었다. 배낭 여행으로 시련을 겪어 보면 담력도 생기고 마음의 그릇도 커지는 법을 배운다.

도심의 남녀 공용 유스텔과 깊은 산속 토담방, 그리고 야영장에서 함

411

께 밤을 지새웠던 백패커들이 생각난다. 침낭 속에 들어가 얼굴만 내놓고 국적과 남녀 구별 없이 만났던 사람들, 야영을 하며 웃음을 같이 나누었던 백팩커들, 아름다운 느낌을 같이하였던 사람들, 그들을 아름다운 추억으로 남겨 두련다.

사진을 협조해 주신 고마운 분들이 있다. 제스 스트워트, 라잔 카키, 베단 로버트, 123RF 니키, 카미셀파, 직장동료 장준태, 카트만두 식구 김인섭 모든 분들에 고마움을 마음속 깊이 간직하련다.